下载个男人来结婚

Download a man to marry

赵格羽 · 著

金城出版社
GOLD WALL PRESS

图书在版编目(CIP)数据

下载个男人来结婚 / 赵格羽著.—北京:金城出版社,2011.11
ISBN 978-7-5155-0247-2

Ⅰ.①下… Ⅱ.①赵… Ⅲ.①女性－情感－通俗读物 Ⅳ.①B842.6-49
中国版本图书馆 CIP 数据核字(2011)第 210844 号

下载个男人来结婚

作　　者　赵格羽
责任编辑　雷燕青
开　　本　880 毫米 × 1230 毫米　1/32
印　　张　8
字　　数　170 千字
版　　次　2012 年 1 月第 1 版　2012 年 1 月第 1 次印刷
印　　刷　北京凯达印务有限公司
书　　号　ISBN 978-7-5155-0247-2
定　　价　28.00 元

出版发行　金城出版社 北京市朝阳区和平街 11 区 37 号楼
邮　　编　100013
发 行 部　(010)84254364
编 辑 部　(010)84250838
总 编 室　(010)64228516
网　　址　http://www.jccb.com.cn
电子信箱　jinchengchuban@163.com
法律顾问　陈鹰律师事务所　(010)64970501

序一　网络新大陆的情感地图

十五世纪末，欧洲人扬起风帆，去大西洋彼岸的新大陆寻找财富。

二十一世纪的今天，男人和女人敲击着键盘，在网络这片新大陆上寻找爱情。

哥伦布的远航，为欧洲人找到了黄金、宝石以及玉米、烟草、马铃薯，成为西方工业文明称霸世界的开端。

在网络的新大陆上，日常生活狭小的圈子被打破，人们可以跨越地域国界牵手，可以超脱外貌身份直接用心灵对话。网络使缘份的翅膀飞翔得更远，无数人在网络上邂逅爱情并走向婚姻。“网络是我们的媒人，电话是我们传情的信使，QQ 视频是我们相见临时的家，虽然很短暂我很满足。”这是一个网友形容自己的恋爱状态，也是网络新大陆上情感状态的写照。

但是，新大陆绝非歌舞升平的乐土。当年哥伦布找到的新大陆，不仅有财富，也有毒蛇猛兽和可怕的疾病。

网络新大陆上，也有不少骗子与恶棍潜伏在阴影中，张开陷阱等待寻找爱情的小红帽、灰姑娘与白雪公主们。

想找到真正的白马王子，一份精确详细的地图就是必备的了。赵格羽新作，这本《下载个男人来结婚》（原名《网络猎爱，防狼有术——新女性幸福秘笈之网络攻略》）就是网络新大陆的情感地图。

这本书对网络爱情的现状与本质有着清晰理性的分析：

“网络将爱情变得充满了神奇和惊喜，但也变得随意和无数的可能。”

“不管网络上如何地热火朝天，都是要回归到现实中的。一旦两个人有更长远的打算，甚至结婚，网恋，就必须从网络中走下来，走到现实中来。”

“笨女人，往往是将网络和现实混为一团，把网络当成现实，把现实当成网络，结果可想而知，不是受伤害就是遭失败。”

这本书对许许多多沉浮网络的女人们迷惑不解的问题一一给出了明确犀利的答案。

——怎样在网上找到好男人？

——怎样将网络爱情变为现实婚姻？

——男人上网只为猎艳吗？

——我该不该去参加富豪的网络征婚？

——怎样迅速鉴别网上的骗子？

……

它剥开网络骗子的皮，照亮种种误区与陷阱，剖析网络爱情的本质，指出通往真爱的道路。它娓娓动人地讲述故事，深入浅出地阐明道理，有见地，有可操作性，是每一位希望在网络上寻找真情的女人必备的指南手册。

智利诗人聂鲁达曾写下这样美丽的句子：“……在我们忧患的一生，爱只不过是/高过其他浪花的一道浪花/但一旦死亡前来敲我们的门，那时/就只有你的目光将空隙填满/只有你的清澄将虚无抵退/只有你的爱，把阴影挡住……”

爱情是上帝给人类最好的礼物，寻找爱情是一道每个人生命中都要解答的难题。

那么，就让我们在网络的新大陆，走上寻找爱情的征途，别忘了带上这本小小的地图。

龚海燕（小龙女）世纪佳缘网创始人兼CEO

2011年7月21日

序二　下载幸福，一键搞定

人类的进步史，其实就是一部使用工具和武器的进步史，因此才会有旧石器时代，新石器时代，以及后来的青铜时代。这，无不证明了工具对于人类的重要。对于人类来说，旧石器、新石器甚至青铜，这是他们开辟疆土的工具，也是抵御侵害捍卫领土的武器。

其实，女人的生存也是离不开武器的。比如，眼泪是女人的武器。女人靠什么征服这个世界？女人征服了男人，就征服了世界。埃及艳后就最擅长此道。对于这样的女人，男人既是爱情，又是武器。是复杂的，是复合型的，无法区分。

如今，互联网革命浪潮下，女人又多了一个工具和武器，那就是网络，那是女人的新武器。是的，这是一场革命。生活在互联网时代的女人，如果不修练，就无法进步，最后只能成为这场革命的牺牲品了。

如果，你不懂得网络，不懂得网络社交，不懂得利用最新科技，那么你将失去很多，你将会面临很大的风险。而你善于利用网络这个工具，你将会大有收获。

首先，谈恋爱会从网络得到更多好机会。一个聪明的女人，一定是善于通过各种机会和渠道，去抓住自己想要的男人的。不管是QQ、MSN、BBS，还是交友网、相亲网站、微博，都是你认识恋人的好地方。这里没有地域、时间的限制，你只需要打开电脑，连上网络，就可以和任何一个地方的人聊天，甚至谈情说爱。以前，你可能只会在大街上去撞见，去某些会所或者咖啡厅守株待兔，去拜托各大姑大姨去帮你介绍对象……如今，完全不需要这么大费周折了。网络上的男人，正在呈几何倍数的出现在你的面前，你只需要练就一双火眼金睛就够了！

其次，经营婚姻防卫风险。网络是一把双刃剑。如果你不能享受网络带来的好处，却只接受了网络带来的坏处，那你就太笨了，那你的婚姻就太危险了。网络既然能给你带来呈几何倍数的男人到你面前，那同样也能带几何倍数的女人在你丈夫身边。正所谓，无处不在的诱惑。于是，出轨的成本变得更加低廉，出轨的条件变得更加齐备。女人，当你不明白这一点时，你的丈夫可能通过QQ正和前女友死灰复燃，在微博上和陌生女孩玩暧昧、送秋波，这边说着我爱你，那边已在相亲网站上寻觅对象……这时候，如果你作为一个最后才知道的女人，那就太悲哀了。如果你熟悉网络特性，你可以防微杜渐，至少你不会那么吃惊，也不会被伤得那么深。

当然，林子大了，什么鸟儿都有。有人的地方就有江湖。网络江湖比我们想像的还复杂。因为它具有神秘性、隐匿性，这就成了职业骗子和感情骗子的乐园。无数读者案例显示，她们都曾遭遇过网络上的骗子，而且被骗财又骗色。这时候，游走在江湖中的女人，一定要擦亮眼睛，识别对方是一只饿狼，还是一匹白马。

而本书的内容，恰好就是：女人如何利用网络谈恋爱、怎么交朋友、怎么名利双收、怎么捍卫自己的婚姻，怎么识别小三儿，怎么识别和打击网络骗子……

怎么来定位这本书呢？

这应该是中国第一本全方位将互联网和情感领域相结合的书籍！

这是一本中国互联网时代下的恋爱秘笈！

这是一本中国互联网时代下的婚姻保卫指南！

这是一本中国互联网时代下的防狼手册！

下载个男人来结婚，你准备好了吗？

赵格羽于北京

2011年7月28日

目录

第一章

不在网络相亲，你就OUT了

的确，全民网恋时代已经到来。如今，不仅70后、80后、90后、00后在网恋，就连60后也在补网恋的课呢。但无论网络上如何热火朝天，都要回归到现实中来，一旦两个人有更长远的打算，甚至结婚，网恋，就必须从网络中走下来，走到现实中。

寻爱路上，总撞车

没有爱的人生不完整。古希腊伟大的悲剧作家欧里庇得斯称：“爱情是万物的唯一统领”，莎士比亚说：“爱情是生命的火花，人需要爱别人也需要被别人爱。”

传说，远古时代，人有两个头，四只手臂，四只脚，后来被一分为二，于是被分开的那一半，终其一生都在寻找自己丢掉的另一半。

女人，是不能没有爱的。寻找爱情，那是女人一辈子最重要的使命。对于女人来说，有了圆满的爱情才会有幸福可言。

“上帝在这里关了门，就在那里开了窗。”这是我们听到最多的鼓励的话。对于爱情这个课题，网络，是通向爱情的窗户，甚至不仅仅是窗户，更有成为门户的可能。

中国古时候，一半寻找另一半，基本是不用自己去寻找的，主要是“父母之命，媒妁之言。”这是古代婚姻的一项原则。《诗经·齐风·南山》中有一句话：“娶妻如之何？必告父母”。《孟子》讲：“不待父母之命，媒妁之言，钻穴隙相窥，逾墙相从，则父母国人皆贱之”。也就是说，一男一女，没有父母之命而自由结合，是家庭和社会都不允许的。恩格斯也指出：“古代婚姻都是由父母包办，当事人则安心顺从”。

何为“媒妁之言”呢？《说文》解释“媒”为“谋也，谋合二姓者也”，就是将男女两家联系起来的人；“妁”，“酌也，斟酌二姓者也”，也就是考察男女两家看看是否能够联姻的人，就是红娘。红娘在古代之所以重要，在于协调宗族关系，成为宗族联姻的一个桥梁。

据资料考证，按照《周礼》的记载，西周就设立一个官方机构叫做“媒氏”，“掌万民之判合”，“判合”就是把两半合在一起。媒氏的职能就是专门掌管民间的婚姻中介和管理事务。按照《唐律疏议》的规定：“为婚之法，必有行媒”。

在宋朝，媒人几乎都有自己的标识，比如戴黄色头巾，手里拿把清凉伞等等。在元代，媒人手中往往拿着一把斧、一杆秤。为什么拿把斧子呢？这是因为《诗经》的《南山》篇说：“析薪如之何，非斧不克，娶妻如之何，非媒不得”。意思是把媒妁比作砍柴的斧头，没有斧头不能砍柴，没有媒人不能结婚。为什么拿杆秤呢？这把秤叫做“量人秤”，意思是权衡男女双方，轻重必须一样，才能使夫妻和顺，家业兴旺。明清两代都有“官媒”，也就是被国家承认的职业媒人。

总之，媒妁在旧社会看成是结婚的必备条件之一。没有媒妁的婚姻就成为非法婚姻了。红娘或者媒人，决定了一个人的终身幸福。或者说，从未见面的双方的幸福，就掌握在这些红娘的手里。这是多么不可思议的事情，这对于那些待嫁的男女来说，是多么无奈的一件事情。

如今，新时代来了，尤其是网络的普及，网络正成为男女认识和交往的最重要的红娘。

世纪佳缘网创始人龚海燕，因为网上不愉快的交友经历，她创办了自己的网站——世纪佳缘，并将其办成了如今最火的交友网站之一。而她最成功的案例不是别人，正是她自己。通过世纪佳缘，她找到了自己的爱人，并迅速地结了婚。如今，在爱人的支持下，事业和生活都红红火火。

虽然我们拥有选择权，我们比从前更自由。但我们是多么的矛盾，我们时不时怀念古时候的恋爱。媒体人胡淑芬就说出了我们的心声："我们旁观别人的爱情更美丽，过去的爱情更美好——在古代，我们不短信，不网聊，不漂洋过海，不被堵在路上。如果我想你，就翻过两座山，走5里路，去牵你的手。"

怀念是怀念，可是，我们都知道，我们再也回不去那个年代了。

不管怎样，因为有了网络后，数字化时代，人们的爱情势必上演一场革命。

在这场由互联网影响而波及开的爱情革命中，有人输得一无所有，有人却大获全胜。

是的，网络已经改变了我们的择偶方式、择偶观，也许当你在网上聊天的时候，当你在开心网更新资料的时候，当你在微博上发表评论的时候，你的另一半，就已经出现了。

那个人的出现，是那么的偶然，那么的不可预期，在你最不经意的时候，在你认为不可思议的时候，那个人出现了，于是你们网聊、打电话、发短信，你们见面吃饭，最后交出了彼此，直到走进婚姻的殿堂。这是一个幸运的结局，不过也可能会上演无数的不幸。

网络将爱情变得充满了神奇和惊喜，但也变得随意和有无数的可能。

事实上，他能通过网络邂逅你，你就得有心理准备——他也会通过网络邂逅更多类似的你。这也是我们痛苦的原因。

格羽幸福新知：

今天已和过去有大大的不同，新时代已不再受媒妁之言的限制，恋爱自由了，婚前自由了。男人和女人拥有了更多选择的权利。结婚的年龄日益推迟，人们的“单身期”增长，男女关系上的多种形式在网络时代形成了“百花齐放”的局面，而人们，也变得空前的包容。

所以，我们的择偶观，也和过去完全不同了。身处网络，我们不是一对一，我们是一对多，是多对多。所以，我们在寻爱的路上，总撞车。当然，我们交互得越多，机会就越多，但我们的爱情也变得越脆弱，我们的两性关系也变得越复杂。

全民网恋时代到来了吗

“网络是我们的媒人，电话是我们传情的信使，QQ视频是我们相见临时的家，虽然很短暂，但我很满足。”这是一个网友形容自己的恋爱状态。

无数的读者给我写信问我，你相信网恋吗？网恋，仿佛变成吃饭一样普通的事儿。我收到的读者来信中，80%都会提到网恋，或者她们的婚姻和爱情正受到网络小三儿的威胁。

以下就是一个读者给我的来信，直到看见结尾，我发现我被雷了。

由于来信内容太长，我对信的部分内容进行简要复述。

信的第一句是这样写的，“我要感谢我那件连衣裤，要不是它，我守了19年的贞操就不保了！”

事情的经过大致如此：晚上10点了，小娟还在打理着网店的生意。这时网友小泽提出找她去玩。小娟只是随口应允，没想到对方却真来了。第一次见网友的小娟有些不知所措。凌晨结束了网店生意后，小娟陪小泽去找住的旅店，而小泽却花言巧语不让小娟离开，到后来开始动手动脚。经过数次地进攻无果后，小娟的连衣裤也很有意思的任他怎样也解不开。最后只能作罢。后来在小娟的强烈要求下，不得已才让她回家。

而来信的最后一句居然写着，“现在我们在一起，这是半年前的故事。”

这是一个典型的网恋。在我看来，用相信和不相信网恋来回答，都太草率。

调查显示，65%的受访者对网恋持中立态度，既不明确表示反对，也不公开表示赞成。而对网恋明确表示赞成或反对的都是少数，其所占比例分别为12%和23%。据有关部门在学生中抽样调查显示，95%的学生认为网恋没有爱情，但35%的学生经历过网恋。91%的学生不看好网恋，但与之相矛盾的是63%的学生表示，如果有机会，愿意尝试。其中，认为“缘于空虚寂寞”占56%，“距离产生美”占39%。14%的学生经历过1次网恋，21%的学生经历过2–3次网恋。

但对于网恋是否有可能成功，受访者的回答分化较大：8%的被访者认为“十分可能”，认为“有一点可能”和“不确定”的分别占到36%、28%，另外还有25%和4%的被访者选择了“不太可能”和“绝对不可能”。乐观者认为，网恋更注重思想的交流，心灵的沟通，建立在此基础上的爱情应该更加牢固，成功的机会也比较大。而悲观者则认为，网上聊天是网恋初期相对单一的了解方式，这种方式使双方缺乏实际的接触和了解，因此，很不容易成功。

在网络世界里，原本只是两个各不相干的匆匆过客，然而，他却于千万人之中遇见了你，没有早一步，也没有晚一步，刚巧赶上了。这便是缘分！

我记得我刚上网的时候，也非常热衷于交网友。谈谈无关紧要的网恋，那是一种朦胧的美好。那时候，看完痞子蔡的《第一次亲密接触》，都在渴望那样一段美好的爱情。可是，如今却变化大了，现在的网恋变得更加直接，那种朦胧的美好似乎已经很难找到了，而更多的是充斥着欲望。

我最好的朋友小艺和他的老公就是通过QQ聊天认识的，然后恋爱、结婚，如今准备生宝宝了，是那么幸福的一对!

当然这是网恋成功的例子，更有很多网恋失败的例子。在我看来，网恋失败，可能错误并不在网络，而是网络背后的那个人是否有诚意。同样的人，如果对爱情没有诚意，就是通过现实生活中认识，也同样会失败的。

如今，网恋变得更加普遍了，变得像吃饭睡觉一样自然。为什么呢?

首先，网络占据了重要的时间。网络会上瘾，可时间就只有24小时，人们普遍没有安全感，两个带着面纱的人在了解。好像沙特阿拉伯的女人，披着面纱。而这面纱就是网络。

网络让人很放松。在网上放松是最好的情感流露，往日的别扭、僵持都在这里得到肆意的体现。两个正聊得如火如荼的人是最放松的。放松了就可以让网恋双方“天高任鸟飞，海阔凭鱼跃。”放松不仅是手脚的放松，还有心情的放松、神经的放松、血脉的放松。放松使网恋双方大胆地揭开彼此的“神秘面纱”，并相互共享“语言、声音、表情”的感官刺激与抚慰。放松了，网恋双方就会不可思议的分享彼此的精神大餐、精神食粮。

“你可能不知道，鼠标那头可能是一只狗。”网络，正因为充满了无穷的想像空间，所以比较勾人。但同时，这也隐藏了很多泡沫。“见光死”的网恋数不胜数。

网络上如何地热火朝天，都要回归到现实中的。一旦两个人有更长远的打算，甚至结婚，网恋，就必须从网络中走下来，走到现实中来。台湾的三毛说：爱情，如果不落实到穿衣、吃饭、数钱、睡觉这些实实在在的生活里去，是不容易天长地久的。

格羽幸福新知：

所以，在我看来，网恋和别的恋爱区别并不大，只是红娘是网络而已。网络只是多了一种恋爱的途径，尤其是各种网络聊天工具（QQ、MSN），各种论坛，SNS（例如开心网或者新浪微博），当然还有网络游戏等，都是滋生爱情的方式，都为我们找到另一半提供可能。而这个红娘不能主动告诉你对方的背景和来头，所有的一切，就需要你去查证了。

中国传媒大学新闻传播学博士后傅玉辉说：“很多童话故事都隐含着关于王子和公主婚姻的梦想，都隐含着关于白马王子的期待。择偶需要以真人秀的方式来进行，但是在互联网时代的传播世界里，虚拟世界的存在为人的择偶提供了新的可能，同时互联网的交往方式也比传统的广播、电视的信息交流方式多了很多互动的元素。在虚拟世界中寻找自己的白马王子，也需要有一种自我保护意识和防范意识，要能够识别谁是真正的白马王子，不要为伪装白马王子的人所迷惑。”

网恋和别的恋爱，开始可能不一样，而过程和结果，却和别的恋爱一样。

人人都可能是免费爱情军师

网上流传这样一个段子：“如今，剩男比剩女多，传说比传奇多，交易比交流多，情伤比情歌多，情医比情书多，情人比爱人多，色情比爱情多，爱情事故比爱情故事多，蜻蜓点水的爱情比善始善终的爱情多。”

描述的正是网络时代下的爱情现状。

恋爱是人的本能。

弗洛伊德说，小孩子也有性欲的，只是随着长大之后，对象有所转移。

当孩子上学后，对象就容易变成异性同学。在孩子上学期间，恋爱是被禁止的，家长总是希望小孩子好好读书，担心恋爱会影响孩子成绩，甚至有的家长告诫子女不要在大学谈恋爱，工作以后再说。所以，在学校里开设恋爱课堂那根本是不可能的。没有恋爱的引导，没有恋爱的经验，所以导致很多女孩子毕业后在爱情上吃了很多亏。我是建议女孩子们在大学期间可以适当谈恋爱的。

爱，的确是一种本能。但是承载爱的方式却是需要技巧的，需要方式方法的。所以恋爱是需要我们学习的。失去爱，可能就是方式和载体不对。很多人爱一个人想要留住这个人，做的事却将对方推得更远。这就是方式方法有问题。

可是，中国是缺乏恋爱教育的。古代的婚姻由父母包办，所以是没有恋爱这一环节的。古代，自由恋爱是被禁止的，待嫁女子大门不出二门不迈，既无自由，更无恋爱。卓文君和司马相如应该是自由恋爱，得不到父母同意就只能选择私奔。

如今，时代不同了，男人和女人都拥有自由选择伴侣的权利，而恋爱成为了男女最重要的环节，而且也成为了终身的课题。

如今，大学校园里的情侣很普遍。我很认可这个观点："恋爱就是练习去爱。"心理学家认为，人们的第一场恋爱直接影响了其爱情观以及对异性的看法。所以，第一次恋爱将变得非常重要，甚至直接影响了其幸福指数。

现实生活中，很多人因为受过爱情的打击之后，从此丧失了爱的能力，不再相信爱情，成为真正的爱无能。这是非常可悲的。爱的根本问题不是有没有爱的对象，而是有没有爱的能力。所以爱需要学习。

据报道，社会上已经有恋爱培训班诞生，最低的培训费是9800元。看来，恋爱已经是老大难的问题。如果觉得培训费昂贵，没关系。

在各大网站社区，情感版面几乎无一例外都是热门版面，并常常能在每日的"十大热门帖子"中占据一席之地。这些帖子中除了网友们认为讲述两个人甜蜜生活的"炫耀帖"和因为感情问题导致种种矛盾的"怨念帖"以外，最多的便是各类咨询帖。

虽然爱是一种本能，是两个人之间产生的荷尔蒙，但网络时代的爱情，早已经产生了变异，或者早已经不再是从前的爱情，这让我们不得不重视，更不得掉以轻心。否则，可能你的爱情怎么牺牲都不知道。

是的，一个女人想要在爱情中立于不败之地，就要善于去学习，从各种渠道去学习，从自己的经历中学习。每一次学习，都增强了自己的功力，每一次学习，都是一次修炼。

恋爱，绝对是需要一辈子学习的课程，当然，还有什么比恋爱更美好的事情呢?所以，它绝对值得我们花费心思用各种渠道去学习。记住，网络也是你修炼的舞台！

杰夫·豪在《众包》里指出："企业原本需要花钱雇人去做的事，用户们很高兴免费去做，这不是外包，这是众包。当一些公司在网络上公开其产品源代码时，这些产品得到了大众创意的改进。这些免费的群体智慧促进了商业智慧的发展。众包还提供了一种假设，人人都是艺术家、建筑师、科学家、设计师……它让人释放无穷潜力，让人不只在一个领域上追求卓越。由非专业人士提供专业内容，消费者兼为内容创造者。"

同样，这也适用于情感领域。

从前，我们有情感问题，会写信给知心姐姐，然后苦苦等候她的回音。

现在，这事儿变得简单了。网络上诞生了一批情感咨询专家和心理咨询师。面对网友，这些机构都有免费服务功能。我们可以一对一地跟咨询师沟通倾诉，然后得到她们的建议和帮助。

当然，网络上除了这批专业的情感咨询师外，还有更多的业余咨询师，或者说很多专业的情感咨询师也是从业余中转型过去的。

每个人的情感问题，情感麻烦，都可以在网上被“众包”，即人人都可能为自己出谋划策，人人都是自己的爱情军师。你看看天涯社区最火的情感帖子就知道了，不仅看楼主哭诉问题，还要看回复者。这里埋伏着各路高人，在为这些在情海中挣扎的男男女女解疑答惑，颇有互联网上的“佐罗”的意思。

同样，第二天，当她伤疤好了后，她也成为了别人的爱情军师。倾听和被倾听，倾诉和被倾诉，变得非常普遍。既是爱情问题的制造者，也是爱情问题的解决者，角色交替。

颇有取之于网，用之于网之意。

格羽幸福新知：

所以，网络提供了一种假设，人人都是艺术家、建筑师、科学家、设计师……它让人释放无穷潜力，让人不只在一个领域上追求卓越。由非专业人士提供专业内容，消费者兼为内容创造者。所以，我们人人都是爱情军师，业余也能大放异彩。

恋爱问题，其实远远不是年轻人的问题。随着婚姻的延后，恋爱的时间将变得更长，甚至超过婚姻时间。恋爱话题，将会越来越重要，而网络上的情感话题将会愈演愈烈。

行走网络，理性第一

柏拉图说，理性，是灵魂中最高贵的因素。

到一定年龄，会日益觉察到理性在女人生命中的位置，这是离智慧最近的一种品质。理性聪慧的女子，往往也会成为爱情的主人。

理性的女人，一定懂得把网络和现实区分开。这一秒，在网上轰轰烈烈，下一秒，在生活中柴米油盐。既有梦想和激情，又有安全和踏实。这样的女人，绝对是生活得很好的女人，也绝对是少受伤害的女人。

这让我想起了张爱玲经典的《红玫瑰和白玫瑰》。也许老公是“红玫瑰”，那么网络上的恋人则就是“白玫瑰”吧。

笨女人，往往是将网络和现实混为一团，把网络当成现实，把现实当成网络，结果可想而知，不是受伤害就是遭失败。

甚至不少人正在响应那句歌词：只爱陌生人。相爱的人变成陌生人，再与陌生人相爱。

与网上的陌生人聊得热火朝天，却对身边的亲友漠不关心。可谓怪哉。

我见过一个朋友，她很爱她的丈夫，同时她也在网上认识了一个男孩。现实中的丈夫踏实听话，非常值得依靠，而网络上的男孩可爱有激情，时常逗得她很开心。通常，她每天会在下班前和男孩网络约会。下班后，直接奔菜市场买菜给老公做晚饭。她的日子过得非常滋润。一面有稳固的家庭，一面又有恋爱的浪漫。她说："网恋是现实生活中的虚幻。网络是网络，生活是生活，这是两个世界。我只要自由切换就是了。我是绝不会把网络带到现实生活中的，当然一旦在网络上我也就完全抛却现实中的琐事，就像一只鱼儿进了大海一样尽情遨游。"

我问她是否考虑过跟老公离婚然后和网上的恋人在一起？"我从来没有想过和老公离婚。我觉得现在这种状况很好。任何一个既成的婚姻，都是牢牢地镶嵌在社会框架之中，难以动摇。许多人为此碰得头破血流都无济于事。即使真的成功了，那也是钱财耗尽，精疲力尽，不但没有了当初的激情，没有想象中的甜蜜，反而相互产生终生难以释然的哀怨，带来无尽痛苦。网上的情，只能是网上。网友，永远只能是网友。"

朋友说得有道理，网上的情恋，就让它永远留存在网络上吧，不要带到现实中来。就像少年的恋人永远不要见面一样。美好，往往存在于想象。

通过网络相识、相恋，不足为怪，但切忌把网上爱情视为生活的追求。调查表明，已有一些年轻人中午、晚上不休息，加班加点在网上谈恋爱，不仅严重影响学习或工作，而且容易使性格变得孤僻，甚至造成人格分裂。

也许人们会争辩说这是因为他们没有分清虚幻与现实，如果把网恋控制在虚幻中，网恋就仍是乐园一片。这种论调实际上也是站不住脚的，人毕竟是有感情的动物，有几个能够容忍自己网上亲密得如胶似漆的恋人总是那么虚幻迷离、不可捉摸；而有几个人又能在热恋之中冷静地告诉自己这是网恋，是虚幻的；又有多少人能够冷酷地把自己的情感和现实分开，在现实中能够完全当作事情根本没有发生！

越来越多的美国妇女开始抱怨他们的丈夫花大量的时间在网上和陌生女人聊天，使她们感到前所未有的家庭危机。

在中国，网民主要由寂寞的女人和心怀不轨的男人所组成。

私家调查人员丹·格雷特说，由在线聊天和在线交流引起的“婚外情”正使越来越多的家庭走向解体，他接手的案例中有15%的“桃色事件”祸起互联网。很多人沉溺于一个陌生人夜深人寂时的甜言蜜语，对身边那个为自己将一日三餐碗筷洗干净的男人或女人却视若无睹。

一位婚姻问题专家说：“互联网是连接世界的，而它所引发的却常常是关于断开的问题。”

鲁迅的《娜拉走后怎样》中说：“人生最痛苦的是梦醒了无路可以走，做梦的人最幸福；倘没有看出可走的路，最要紧的是不要去惊醒他……所有的美梦是好的，只要没有破灭。否则，钱是要紧的！”

格羽幸福新知：

网恋，对我们传统的爱情、家庭观念和模式已经带来了颇具杀伤力的冲击。

在网络上游走，女人最不能丢的品质，就是理性。

所以在我看来，聪明的女人，不仅食人间烟火，还会腾云驾雾。网上的情恋，就让它永远留存在网络上吧，不要带到现实中来。

爱情，需要落地生根发芽

由六六编剧的《蜗居》大火，女主角海萍说："爱情是男人骗女人的把戏。男人若真爱一个女人，别净玩虚的，一是拍上一摞票子，让女人不必担心未来；二是奉上一幢房子，至少在拥有不了男人的时候，心失落了，身体还有着落。"这句话赢得了无数观众的心。

其实，这话用在网恋上也很合适。除了前面讲到的一类人，她们把网络和现实分得很清楚，而且力求网络和现实互不相干。

不过，我想有大部分人，可能对网恋，还是不仅仅是限于网络的。不管是网恋还是办公室恋情，那都是恋爱。而想要长久的恋情，就必须要落地。

随着社会的变迁，寻求爱情的成本与所承担的风险越来越高，人们一方面渴望爱情，另一方面又害怕爱情所带来的不安全感，产生了新的矛盾。随着网络的普及，由于网络与爱情之间的某种契合度，人们发现了在虚拟的网络空间可同时满足对爱以及安全感的需求。

以网络为媒，借用聊天工具等进行互相聊天，进行互相了解，从而相恋，同时，网恋不可避免地会存在诈骗和危险，也是十分虚幻的。网恋是虚幻的，看不见，摸不着，不过是望梅止渴，画饼充饥。

那么，网络世界里有真情吗?

虚拟世界里的爱慕之情也并不都是假的，里面也有真正的感情，但因为网上没有真实生活中那么真实。所以这也是为什么虚拟空间里感情那么好的两个人，一旦走到了日常生活中就变了味道，变得那么脆弱，因为现实的生活太过残酷，不像网络里什么都不要、什么都不想，只要爱慕之情就够了。但在正常的生活中就不行。网络和现实始终还是存在着一段距离的，想从网络走到现实不是不可能，而是很艰难。

有些人，命里注定要相遇。有些人，却总是擦肩而过。

所以，网恋的成功与否，关键是网恋的落地问题，即如何从网络中走到生活中来，以及接受现实生活的考验。那么，怎么落地呢?

首先，尽可能了解他的真实信息，切勿想得太美好。

韩国作家南仁淑在《婚姻，决定女人的一生》中，提出“尽可能地了解他，包括找侦探。”这句话很适合网恋。由于网络太虚拟，不能对方说什么就信什么。在网络上，尤其是两个不认识的人，不知道底细的人，可以信口开河。这时候，就一定要确定对方的真实信息，最关键的是对方是否已经结婚生小孩，是否有恋人，以及其他家庭背景。像在网上明明已经结婚的大叔还在谎称自己未婚骗小女孩的例子有很多的。

网恋的脆弱在于双方认识的浅薄，即没有任何安全感的屏障。正常的异性交往都是要有一个特定的背景环境的，如同事、同学、他人介绍或至少是某种连带关系。即便是陌生男女的一见钟情，也是要两人“见”才行。这个见，就是最基础的现实接触，人相信自己的判断力，眼见为实，会有起码的现实感觉。网恋没有，连见都见不到，就凭借一堆计算机代码去爱，好像在没有任何建筑框架的空间里，闭着眼睛盖房子，这房子能结实？能不塌？

当然，虚拟之所以美好是因为它能够任意想象，如果网恋是想要有一个结果，那就不要在一开始就想得太美好，这样一可避免失望；二会避免轻易陷进去；三让自己更加务实。

当人在没有感受到危险警示的状态下去主动接触陌生事物的时候，会首先将危险意识转化为兴奋，然后，“本我”为了说服“自我”，便会把未知描绘成或想像成自己希望的模式。

其次，冒着“见光死”的危险也要见面，如果想要结婚生子的话。

很多人说网恋的两个人如果见面的话，会“见光死”。按照YAHOO公司在欧洲做过的调查，网友的单独会面有80%以上的可能会使双方失望，另有70%以上的可能会停止或逐渐停止交往。原因很简单，当幻想中编造的影像被现实替换后，个人自信将降落到底点，类似于梦境被打碎的感觉，同时而来的却是危险意识的上升，情感降温也就成了顺理成章的事。

如果你不想仅仅把关系停留在网络上，如果想要一个结果，那就一定要见面。悬在空中的恋情，太浪费时间和青春了。除非，你现实生活中已经有一个能够陪伴自己下半生的人。

唯有见面后，通过细节才能更清楚地认识这个人，有很多人都有这样的感觉，网络上聊天感觉很好，可是见面后就什么感觉都没有了。那么，这个原因要么是对方撒谎了，要么就是自己爱上的只是一种假象，爱上的只是一个幻觉。

第三，注意保护自己，不死则生。

所以，当见面后，肯定两种结果，一种是见光死，再也不会见面，永远拉入黑名单。第二种是感觉不错，可以继续发展。不管怎样，都要注意保护自己，更不要轻易奉献自己的钱财和身体。

痞子蔡曾经说过：网络通常会产生三种人。第一种会在网络上突出他的次要性格；第二种人会在网络上变成他“希望”成为的那种人；第三种人会在网络上变成他“不可能”成为的那种人。看看现实的他跟网络的他有什么区别。

第四，如果感觉可以，那就让网恋落地。

逃离了“见光死”的局面，那就恭喜你了。现在头等大事就是让网恋落地。一旦网恋落地后，就和正常的恋情交往没什么区别了，剩下的工作仍然是观察磨合。

格羽幸福新知：

在整个过程中，女人在网恋的时候，一定要清楚对方对恋爱的态度。很多男人会把网恋当作调剂品。这时候的女人就不要会错意，傻乎乎地当作大餐来对待，沉迷其中，就会伤痕累累。

台湾星座专家唐立淇在微博上感叹：“我们这些60年代的人，成长在没有手机、电脑、网路打扰的时代，可以专心看漫画，写文章投稿，花时间跟人相处，货真价实地谈恋爱……虽然没运气搭乘网路奇迹去高飞，却能扎实地靠真实世界的失败成长，很痛又很快乐……嗯，其实是一种幸运吧？”

是的，要“货真价实”地谈恋爱。

网络相亲，非诚勿扰

世纪佳缘上有一对新婚夫妇格外显眼，新郎82岁，中央美术学院雕塑系退休教授。新娘，57岁，成都的一位知性女士。他们在世纪佳缘网上相遇，随后谱写出一曲动人的黄昏恋歌。

两年前，中央美院退休教授吴介琴在世纪佳缘交友网上认识了当时57岁的蒋晓辉，两人互相倾慕，一个在北京、一个在成都，相隔千里却深情厚意，世纪佳缘网为他们提供了一个交流沟通的平台，使他们在不到两周的时间见面了解，并决定此生相伴。

由此可见，去相亲网站相亲，再也不是年轻人的专利。据世纪佳缘网CEO龚海燕说，有无数母女注册相亲的例子呢。

来看看国外的网站，据2010年英国《每日邮报》报道，在圣诞新年假期过后，英国一个婚介网站竟然将在此期间增肥的逾5000名会员“清理门户”。这个网址为BeautifulPeople.com（“丽人”）的网站，在其首页上写着美国有线新闻网对其的评价：“世界上最性感的网站。”该网站表示，他们此次清理出去的会员来自全球各地，而且，被弃对象大部分都是“前丽人”。由此可见这些婚恋网站是多么地火爆!完全处于甲方的高姿态。同时也从侧面反映出了大龄单身问题已经是全球性问题。

面对无数剩男剩女的情感需求，婚恋网站纷纷如雨后春笋一般地冒了出来。据中国社会工作协会婚介行业委员会提供的数据显示：目前全国共有将近3万家婚介机构，而网络婚介机构就有6000多家，这对传统的婚介市场无疑是一种冲击。其中，世纪佳缘网、百合网、嫁我网、珍爱网，号称婚介四大网站。

剩客群体的壮大，注册用户的增加，也让婚恋网站欣欣向荣。从狂赚流量的“亏本赚吆喝”，现在更开始了收费业务。如果能通过缴纳会费，增加自己结婚的可能，又何乐而不为呢？这个投资，值！

这不，在市场大好的情况下，世纪佳缘在2011年5月成功上市。

根据世纪佳缘网发布的《2010-2011年中国男女婚恋观调查报告粉皮书》显示，网络相亲有以下特征：

1. 2010相亲年，全民兴起“相亲热”

2010 年的中国掀起一股全民相亲的热潮，本次调查中92%的受访者对相亲这一婚恋方式持肯定态度。在巨大的生活及工作压力下，曾经被年轻人排斥的相亲开始受到前所未有的关注及肯定。

2. 相亲模式新变革，上网聚会一个都不能少

调查显示，最受欢迎的相亲模式中除了传统的亲友介绍之外，聚会集体交友活动和互联网这两种新兴的相亲方式也开始被普遍接受，说明先在线上通过互联网相识，再通过线下交友活动深入了解彼此的主动相亲模式，已经开始冲击传

统被动介绍的相亲观念。

3. 婚恋交友安全摆第一

人们在享用互联网相亲的即时便利的同时，婚恋交友的安全性也被未婚男女们高度关注，调查显示，选择婚恋交友网站时人们最关注会员资料的准确度和可信度，而在选择相亲对象时，会优先考虑身份认证等级更高的会员，值得注意的是，在第一次与网络结识的相亲对象见面时，大部分人都会互验身份证信息。

4. 单身男女关注“爱商”（LQ）

爱情不但是一种本能，也是一种能力，调查显示人们普遍认为“爱商”在婚恋过程中非常重要，一些恋爱小技巧在恋爱过程中能起到正面作用。现代人的“爱商”也在逐渐提高，多数人对于恋爱分手持乐观态度，能主动调整自己的爱情观，从中反省、学习和成长也是“爱商”的重要指标。

其中，还有一个调查数据很值得参考：

你认为现在重新掀起相亲热潮的原因是什么？（多选）

A. 宅男宅女越来越多52%

B. 工作压力太大，没有时间社交51%

C. 社交圈太窄，认识异性机会太少77%

D. 年纪越来越大，迫于家庭及社会的压力36%

E. 电视等媒体对相亲的宣传引导越来越多，深受影响15%

受访者认为造成相亲热潮的原因前三甲是：社交圈太

窄、宅男宅女越来越多以及工作压力太大。可见如今单身男女相对单一的社交生活方式和较大的工作压力是催生相亲热潮的主要原因。

的确，网络相亲中，80后且学历较高的男女愿意花钱通过网络牵线姻缘。80后的压力本身就很大，紧张的工作使他们没有时间去找自己的另一半，另外，工作圈子窄也影响他们寻找自己的知音，据多家婚恋网站统计：80后占会员群体的90%以上。某剩女在参加过几场大型相亲会未果之后，忧心忡忡的老妈来了一招更狠的：让女儿不仅注册“世纪佳缘”，还把所有婚恋网站统统注册一遍。

既然网络相亲有惊喜也有风险，那么什么样的人适合呢？

首先，阅历丰富的离婚人士。

我觉得婚姻失败的离婚人士可以选择网上征婚交友这种方式。对于渴望再婚的人来说，毕竟不像第一次结婚那样可选的对象多，所以，需要通过网络来扩大自己的选择面。同时，离婚的人，经过了失败的婚姻，往往对婚姻有更深的认识，也更清楚什么样的人适合自己，什么样的人不适合自己。再加上他们有丰富的阅历，对人的判断识别能力更为增强。

其次，社交圈子极为狭窄的人。

生活中，宅男宅女越来越多了。之所以能“宅得住”，那是因为网络的发达，电子商务的发达。所以，这就让这群宅男宅女的社交圈越来越狭窄，不出去见人，怎么认识新朋友呢？所以，这种社交圈极为狭窄的人，是需要在相亲网站征婚的。毕竟，这些相亲网站就是一个大的虚拟社交圈，你选中你想要找的人，然后发信沟通私聊，最后再发展到真实的社交生活中。

再次，性格比较内向的人，建议父母陪同筛选甄别。

其实，感情中，性格外向的人往往是占有优势的。性格外向的人，喜欢主动和人交朋友，能说会道，所以自然容易博得异性的亲睐。而性格内向的人，往往比较被动，当自己还在犹豫时，心上人可能就被抢走了。所以，这种前期通过文字、电话等来传递的网络征婚方式，是很适合性格内向的人的。如果年龄偏小，缺乏经验的话，建议父母陪同筛选甄别。

如果锅里有老鼠屎，该怎么办？建议把老鼠屎挑出来。老鼠屎总是有的，但粥大都是好的，不能因为有老鼠屎，就饿了自己的肚子啊。

格羽幸福新知：

值得注意的是，网络相亲让人烦恼的是：选择太多，往往是没有选择。

《长尾理论》里指出，长尾的意义在于无限的选择。给顾客们丰富的选择，也要帮助他们搜索。这也非常符合网络相亲的情况。

只要成为了相亲网站的会员，你就可以和任何有眼缘的发信息，当然任何人也可能给你发信息。那么多注册会员，一时间定会蜂拥而至，最后真假难分，不知道如何选择。

曾有网络相亲经验的王铭铭说，在网络上取得联系后，通常就开始实际接触。他也碰到过各式各样的女孩：有的女孩说，自己现在有男朋友，但“早晚是要分别的”，因此干脆先接洽着；有的女孩见第二次、第三次就请求男人帮自己买美容卡、买衣服；有的女孩则有点“势利”：一见就问对方父母是做什么的，探听家底，或者就收入、屋子、车子、工作等题目大谈特谈。在王铭铭看来，这是大龄青年常呈现的题目——找个优良的，但实际上自己没那么优良。“选择的机会确实多，但时间长了就迷茫了。”所以在选择的时候，还是跟随自己内心的感受，问一问这个人是否适合自己，是否是你想要的幸福，再进行交往比较好。

富豪网络征婚，不是炒作就是闹剧

2009年11月21日，在深圳南澳浪骑游艇会举办的一场名为“杰仕人生——名流游艇会”的相亲活动，早在开幕之前就引起了人们的关注，并得到了“富豪集体征婚”的说法。网络上近万名美女报名参与，更是使其达到了此类活动的顶点。

“富豪集体征婚”活动的消息，让不少年轻女性心头一热。举行的此次集体征婚，入场门票高达36800元一张，只对男士收取。网络报名阶段，仅深圳地区就有3000多人报名，广州地区有2000人，北京和上海也各有约2000人，一共约有9000美女希望能够参与“富豪集体征婚”活动。

这样的活动，世纪佳缘网站每年都会举行，每次举行都会引起轰动。富豪们登报征婚一时引来无数眼球，但现在已不新鲜了。据说当前富豪圈正悄然流行着一种更加隐密、更加快捷的“网络征婚”方式。

前面讲到了婚恋网站进入了收费时代。在这些豪爽的富豪面前，更有一些网站收取昂贵的会费。“钻石王老五征婚网站”就是一个典型。开出入会费5万的“天价”一举刷新了富豪征婚的会费纪录。而且，高价的入会费不含广告费，无论会员征婚是否成功，先前的费用均不退还。杭州这家网站对“富豪”的定义是年收入在100万元以上。职业需是私人老板、大型公司金领或专家学者。其中，“美女库”要求甚高，应征者必须“面容美丽，身高在160厘米以上，体形匀称，具有女性魅力，在校大学生或有正当稳定职业者，18岁以上的华裔单身女性”等。

该网站推出的爱情定制方案非常吸引人。包括深入访问、爱情猎手海选、网上匿名主题征婚活动、婚姻顾问小组集体测评、爱情猎头深入调查、主题约见活动等内容。据介绍整个爱情定制程序大约需要两个月时间，贵宾会员在专职婚姻顾问的帮助下，优中选优最终筛选出最合适的爱情人选。据说该网站虽开通不到半年但“已拥有万余名会员”。

其实，我们知道，富豪选伴侣最害怕女人看上他的钱而不是他的人，如今，为何富豪们如此高调了呢?

首先，富人们也面临选择尴尬。

这类人恋爱的黄金时期努力创业、努力赚钱了，好不容易功成名就后，发现自己年纪一大把了。这时候，在家人催促下就更着急了。他们渴望结婚，但不知道和谁结婚，不知道想跟他们结婚的女人是喜欢他的人还是喜欢他的钱，所以，内心格外纠结。

于是，寻找网络征婚，也是给自己的一种机会。反正白猫黑猫，能抓住耗子的都是好猫。不管什么形式，能找到自己的另一半都可以尝试。

第二，富人们观念更新，不怕冲着自己的钱。

经常看见这样的桥段，富人扮成有钱人看谁能爱上他，以为这样的爱是真爱。一个网络征婚的富人却坦言，不怕她们冲着钱来，但必须知道如何运用。“我不想花钱去买爱情，让女方觉得我在挑王妃。我情愿被人挑选，这样不会太驳对方的面子。而且我的条件也不需要中间人去美化，我对自己很有信心。我根本不怕这里的女孩冲着我的财产来，只怕她要求不高。不爱钱的女孩，我还不要呢。哪个女孩不希望自己的老公条件比自己好？但她必须知道如何使用金钱，她的金钱观必须超越金钱。”

第三，做秀嫌疑，满足虚荣心。

富人们的网络征婚，受到了女孩们的热捧，而且大多是条件优秀的女孩。不过很多网友对此动机表示怀疑，纷纷拍砖。

的确，网络征婚只是一种形式，不乏一种炫富的方法，当然更满足了众星捧月的感觉，大有挑选“王妃”的架势，不可不谓感觉很良好。

之前，刚好也有朋友问过我有关这种富豪网络征婚并参加其相亲派对的看法。我认为，傻子才去参加这种相亲派对，而天下也没有比富人相亲派对更不靠谱的事情了。

你想要的男人永远不会出现在这里。是的，你盼望的有钱、有品、还年轻帅气，最好比较专一的男人，早就被别的女人占坑了。就算有漏网之鱼，可能有事业心强的男人没机会接触女人，那也绝对是小概率事件。这种小概率事件发生在你自己身上的机会同样也是小概率事件了。

这种相亲会上，竞争对手太多。“红海”是竞争极端激烈的市场，但“蓝海”也不是一个没有竞争的领域，而是一个通过差异化手段得到的崭新的市场领域，在这里，企业凭借其创新能力获得更快的增长和更高的利润。

比如，你看上了某个男人，可这个男人也许看上了除你之外的39个，每一个都有可能，每一个都是你的竞争对手。既然都是被面试过来的，自然都是有几分姿色和才艺的。也就是说，你参加了这个派对，你就把自己置身于一个竞争对手很强的“红海”里，那你成功的概率就可想而知了。比如，另外的一个朋友生日派对或者是社交舞会，全场出彩的女性也不过几个，而且好多出彩女性都有男友或者已婚，也就没有那么多的对手。

第四，论斤两的成分太大。

这里，提到了参选的男士必须是经济条件达标的，要么中产，要么有钱人。先暂且相信这些条件是不虚报的，那男人在公布自己的经济状况的时候，也就不免有女人是冲着这些条件来的。这就变成了更赤裸裸的论斤两的买卖了。

第五，女人很掉价。

一个女人去参加这种相亲活动，不管是亲人和朋友的下意识会怎么想呢？“嫁不出了。”这肯定是大家的下意识。虽然现在去相亲派对的女士大都还有才有貌，但也难免别人对此猜测，反而是让自己掉价了。

不过，如果你要真对这样的富人相亲派对感兴趣的话，我建议你要有这样的心态。就是抱着好奇的心态，千万别指望着能从里头钓一个金龟婿。你就抱着去体验、去看人生百态的心理，那么我祝贺你，你一定会很有收获，也会非常轻松。那么说不定，小概率事件还会发生在你身上。

当然，我觉得传统的相亲模式也并不是不可为的。一对一的，目标明确，竞争力小，而且沟通及时，答案会很快揭晓，反而是一种多快好省且靠谱一些的方式。你说，天下还有比相亲派对更不靠谱的事儿吗？

格羽幸福新知：

参加相亲派对的女性，正体现了在感情婚姻问题上的急躁心理。如果一边享受生活，一边寻觅对象，一切自然而然，水到渠成，不管是过程还是结果，都是最为美好的。

与其你花心思去参加各种大大小小的相亲派对，还不如花时间好好去健身跳舞，尤其是多学学精英男士聚集的球类运动。比如高尔夫、网球，甚至羽毛球，或者户外运动。你在这种场合见到的男士，远比那种相亲派对见到的有分量得多，靠谱得多。不仅能让自己身材更美，身体更健康，还能邂逅真命天子，何乐而不为呢？

网络是异地恋的一根稻草

“当世界只剩下这床头灯/你那边是早晨已经出门/我侧身感到你在转身/无数陌生人正在等下一个绿灯/一再错身彼此脆弱的时分/不过渴望一个吻的余温……”这是王力宏唱的有关异地恋的歌曲，纪念他逝去的恋情。

情人节来临时，这对异地的情侣就是一个煎熬。我的好友小朱却不这么认为，虽然她远在法国念书，和国内的男友另辟蹊径想出一个和男友共度浪漫情人节的好办法。她和正在国内创业的男友通过SKYPE视频庆祝情人节。他们还决定一起共度晚餐，尽管各自身处异地。

小朱说：“我和他基本每晚都会用SKYPE聊天，这样可以节省数千欧元的长途通话费。本来今年打算一起过情人节，但是周六飞机票价格很昂贵，我们支付不起，所以打算晚上使用SKYPE通过摄像头进行视频聊天，同时我们会为各自准备一顿丰盛晚餐，一边聊天一边共度良宵。虽然无法亲眼见到他，但这样已经很棒了。”

虽然远在天涯，却近在咫尺。互联网科技已经显示出了其魔力，不知道成全了多少情侣！如今，小朱回国和男友已经结婚，过着幸福的日子。

中国古诗词里就有异地恋的记载，北宋词人李之仪在《卜算子》中写道：“我住长江头，君住长江尾，日日思君不见君，共饮长江水。此水几时休，此恨何时已，只愿君心似我心，定不负相思意。”

牛郎和织女就是典型的异地恋。北宋词人秦观在《鹊桥仙》词中写道：“纤云弄巧，飞星传恨，银汉迢迢暗度。金风玉露一相逢，便胜却人间无数。柔情似水，佳期如梦，忍顾鹊桥归路？两情若是久长时，又岂在朝朝暮暮。”

于是，古有鱼传尺素，飞鸽传书。而现在，恋人之间的沟通则变得方便多了。据调查，逾八成受访者接受异地恋，并且一半人相信异地恋能修成正果。这个数字比以前多。“牛郎织女”通过各种“鹊桥”互诉衷肠。QQ、SKYPE、电子邮件、电话、手机短信、手机视频等，这些现代通讯设备使越来越多恋人对异地恋的“修成正果”增强了信心。

距离产生美，可很多时候美有了，人却没了。异地恋就像一座美丽的雪山，我们远远望去它好美丽，可当我们要靠近它时，却是需要巨大的勇气。

其实，充分利用互联网，也是可以让异地恋变得不那么脆弱的。

第一，沟通无障碍，别让误会过夜。

在情人节前夕，看到有网站宣传“网络情人节，摄像头大优惠”的活动：只需要一个清晰的摄像头，异地恋人就可以通过网络看到心爱的对方，在网上度过欢乐甜蜜的情人节，与恋人在网络上尽情吐露真情。电脑、网络之外，摄像头，一个都不能少！

恋人分隔两地最怕赌气和误解，长时间的赌气和误解，会让两人感情淡漠，还有可能会让挖墙角者趁虚而入，凡事在电话里、邮件里、MSN、SKYPE上说清楚，感性完了还要讲理性，该认错就认错，当然，如果实在没人愿意低头，请男生这时候就不要女士优先了。

第二，感情保温，仿佛在身边。

两个人分开一段时间，难免会生疏，这时候就要通过短信、电话、网络对感情保温，通过虚拟感受情人在身边的感觉。

在一份对异地关系的研究中，格雷格·居德纳博士发现70%的异地夫妻没有设定原则，或者处理变化的底线，于是在半年内分道扬镳了。这就意味着双方设定些指导你们异地关系的原则是极其重要的。这包括双方同意不能跟其他人约会，每天都交流，至少两三个月要见一面。

即使你和另一半离几个小时远，也可以一起体验“约会夜”。比如在两地同时去看大片。计划好同时去看电影，之后给对方打电话讨论一下。知道对方在同一时间和你做同一件事情是很好玩的。尽管分处两地，你们也可以“一起”分享一段时间。

第三，信任为主，监视为辅。

异地恋，双方都会有寂寞的时候，都会面临无数的诱惑。这个时候，一定要信任对方。时常的迷茫，对未来没有信心，就会动摇感情。小矛盾惹发的口角也有可能会成为分手的导火索。在异地，不可能天天感受到对方的一言一行，莫明的猜忌会毁了两个人的甜蜜。

当然信任的同时，不时地通过短信或者邮件进行汇报，或者时不时地问候对方，都是自然而然的行为。也许正因为你的一条信息，让他有些走神的神经又收了回来。信任为主，监视为辅，这是我的观点。男人，看得太严不行，完全不管也不行。

第四，学会自得其乐，享受孤独的自由。

异地恋的恋人，要学会克制自己的情感，学会对自己的情感负责，也要学会打发孤独与偶尔的落寞，更要学会对别人的卿卿我我熟视无睹。异地恋人要有比常人强许多的独立能力，需要对感情有很高的信心，因为随时随地都会有许多不稳定因素出现——有人会劝你放弃，有人会挖墙角，有时会对未来迷茫……

第五，异地浪漫，小别更甜蜜。

通过电子邮件，即时通讯工具，电话来诉相思，这是很有效的。当你表达出你的感情的时候，对方知道你在付出，你会维护好你们的关系。

小别胜新婚，两地分居后的短暂相逢定会让彼此情意漫漫，除此之外，现在也有很多新鲜玩意也可以增加异地恋情的质量。给对方一些惊喜，效果也会很好：比如网上送个小卡片;没事给她个浪漫的游戏玩玩……对于年轻人对异地恋支持度的上升，广东省家庭文化研究所副所长柳明认为："这是爱情本质的回归。肢体动作与各种物质形式只是爱情的辅助手段，而真正的爱情应该更加注重精神层面的交流。分居两地的恋人由于见不到对方，就必须不断保持联络沟通，在相互信任以及理解的基础上维系爱情，这其实是柏拉图精神恋爱的一种体现。"

第六，电话情爱和网络情爱。

异地的恋人，很多都会尝试电话情爱和网络情爱，通过电线和网线互诉思念细数缠绵。

菲尔博士所言，“如果真爱一个人，你会翻山越岭，上天入地斩蛟龙……”如果异地恋失败了，那也没关系，只能说明他不够爱你。地域，只是成为了不坚定爱情的替罪羔羊而已。

电影《他其实没那么喜欢你》是这么说的：如果一个男人真的喜欢你，他会动用一切力量去找到你，手机，email，MSN，google……

这已经不是石器时代了，真正喜欢你，即便经历海啸、洪水，即使你消失在人海，大海捞针他依然会找到你。如果他答应你的事却没有做到，哪怕那只是一个电话。不要给他找借口，“他真的很忙所以忘了”、“至少他真的和我道歉了”……

他很忙，你也不轻松，这个城市有谁不忙？是忙到即将就任美国总统，还是一个小时有好几亿的生意要谈？有手机、有快速拨号、甚至有语音拨号，有时压根没想打电话，电话就从裤兜里拨出去了，如果真的喜欢你就不会忘记，如果忘记说明他不在乎你失望。男人对自己想要的东西是永远不会说“忙”的。

格羽幸福新知：

爱情，已经不是原始时代。如果他真在乎你，如果他真的喜欢你，隔着一座城市又算什么呢？这不是距离的错，距离只是一个替罪羔羊。而很多女人，根本就不愿意知道这个真相，只好自欺欺人了。

所以，距离在网络时代已经不再是从前的距离，一切以距离为借口的分手，都是一场蓄谋，只是爱得不够深而已。

第二章

女人的伊甸园，男人的猎艳场

据说：女人有很多QQ号是为了调戏同一个男人，而男人有很多个QQ号是为了调戏不同女人。

男人和女人面对网络的态度是不一样的。

男人可以做到不影响真实的生活，而女人的现实生活却受到了影响，为他茶饭不思，甚至生病，这太不值得。

剩男剩女的救命稻草

婚姻对于女人，似乎是一辈子都无法逃避的主题。而对于到适婚年龄没有嫁出去的女人来说，说不着急那都是假的。这样的担心在如今更是普遍，我周围还未结婚的朋友，怕父母的催婚已经怕到不敢接电话不敢回家的地步。

剩男剩女在美国很普遍。HBO热播剧《欲望都市》里就是4个超过30还没结婚的剩女。经过我的资料搜集和观察发现一个现象：越是经济发达的国家，越是科技发展迅速的城市，越是互联网和通讯发达的城市，其大龄单身的比例就越大。

剩男剩女是最近两年在互联网上炒得很热的词汇，似乎，剩男剩女是现代都市的产物。实则不然，剩男剩女历来有之。根据大量历史资料显示，与现在不同的是，古代的剩男比剩女多。其中，剩男剩女最多的时候是在宋代。赵匡胤大量地重用文人，于是，天下的男人都忙着考科举光宗耀祖，都信奉“先立业，后成家”，于是许多男子“壮年未娶”，一个个都成了剩男。既然文官这么吃香，那么做父母的都想自己的女儿嫁过去当官太太。“榜下捉婿”屡屡发生。就是说在发榜的日子，全国各地的官僚地主们一家人手拉手，大清早就纷纷出动“择婿车”，到金明池沿路争相选择新科进士做女婿。说是选择，实际上就是抢。可是每年考中的男人微乎其微，今年没抢到的父母就继续等，这一等就把女儿等成了剩女。

其实，宋代的剩男剩女表现也和如今的婚恋现状比较相似。

首先，都是眼光高，奇货可居。

古代的女孩都想当官太太，现在的女孩都想嫁有钱人。不管官太太还是有钱人，都是金字塔尖上的人，比例都是万分之一。当全民皆追捧的时候，势必会引起奇货可居的现象。所以，注定只有少数女人能心想事成，而没有满足愿望的女人，却心有不甘，仍然不愿降低自己的眼光。

当你在固执地等下去的时候，而后面永远有一茬又一茬的年轻美女加入到这场竞争中，所以，这一场“抢优质男人”的战争中，必然有人会失败。其实，失败是难免的，而且是大概率事件。问题是很多女人不会在失败面前调整自己的思路和战略，一再地耗下去，最终的结果可想而知。

其次，婚嫁成本都很高，很多人结不起婚。

宋朝时候，婚嫁费高涨也是剩女高产的原因之一。“榜下捉婿”的盛行造成了一个强势的卖方市场，进士们纷纷“娶妻论财”。如淳熙年间，太学生黄左之登第后，做了汝阳王的女婿，一次就“得奁具五百万”，真是富了一个女婿，穷了一帮丈人。

其实，相比之下，婚嫁成本之高，更是普遍现象。其中，婚房便是最昂贵的成本。更别说车子、婚宴等。不管男人、女人，都渴望在自己的房子里结婚，都希望宴请宾客风风光光的结婚。《蜗居》就反映了高房价对婚恋的影响。

对于“裸婚”的态度，男女之间泾渭分明。据网上的初步统计，有80%的男性都赞成“裸婚”，而70%的女性觉得“裸婚”不靠谱。作为一个女人，我想没有人会多赞成裸婚的，大多数是对现实的一种妥协吧。

最后，女人都重物质，男人都忙事业。

门肯说，“事实上，女性才是人类中最务实的人群。”在我看来，与其说女人爱钱爱物质，还不如说女人更害怕风险。原始时代，女人选择更强壮的男人，是为了自己的基因得到传承，为了自己的孩子健康成长。这是自然法则。

宋朝时候的男人忙着考科举，而现在的男人忙着赚大钱。不管是考科举还是赚大钱，都是让男人们认为：不管自己多大，只要是当了大官或者赚了大钱，那么想要什么样的女人都不是问题。这也许是他们忙事业的一大动力。同时他们也有危机感，如果自己不够强大，就算年轻时候娶了一个漂亮太太都会被其他的有钱人抢去。

于是，这样的男人在辛苦地打拼中，终于成为了女人眼中的钻石王老五，从前那个不被女人青睐的穷小子，如今终于“媳妇儿熬成了婆”，终于成为了女人们的香饽饽。而这时候的男人，不管是为了慰劳自己奋斗的艰辛，还是为了证明自己的份量，大都会选择更加年轻漂亮的女孩子，大龄剩女仍然不被列入选择行列。剩女的数量会越来越大。

当然，为何古代是剩男多剩女少？而现在是剩女多剩男少呢（中国农村不符合这个规律）？这跟互联网等高科技有什么联系吗？答案是有的。

第一，沉迷虚拟，丧失了真实恋爱的时间和机会。

女生的最佳结婚年龄在25–27岁，而男生是30岁左右。调查数据显示，中国网民心中男性最理想的结婚年龄为30岁以后，而女性的结婚机会从25岁起逐年递减。65%的男士认为最理想的结婚对象是25岁至26岁的女性；从26岁起，她们的结婚机会就直线下降；女性30岁的时候，有25.5%的男士认为还能勉强娶她；女性35岁的时候，仅有12.5%的男士能够接受。而男性的年龄危机就要少多了，即使到35岁，仍有1/3 的女性愿意嫁给他；甚至40岁的不惑男士，还有15.2%的女子来选择他。

可是，现在很多女人沉迷虚拟游戏，虚拟社交，还有虚拟恋爱，在网上玩暧昧，在网上“老公”、“亲爱的”叫得起劲，但那始终是网络，除了多一份精神寄托之外，男人离自己的生活还很遥远。女人往往沉迷于幻想和虚拟，而忽略了身边真正关心自己的人。由于网络占据了自己大部分业余时间，因此丧失了真实的恋爱时间和机会。的确，网络是谈恋爱的一种工具，但是，如果过分沉迷网络可能会有些本末倒置了。

不管是网络游戏，还是网络聊天，甚至网络社交，都是耗费时间的利器。时间分分秒秒的溜走，转眼女人的黄金年华就可能在网络上被虚度了。

第二，总接受网络上的诱惑和刺激，不能落地成为现实。

网络给了我们很多的奇迹。没有什么不可能，仿佛是网络的代名词。女人大都容易被网络上的花花世界所吸引，很多是沉醉不知归路。尤其是对一些新鲜事物以及诱惑难以抗拒。这些刺激或者诱惑，让女人无从选择，或者走上了游戏爱情的道路，结果是浪费了自己宝贵的青春，透支了自己的婚姻资本。

当然，网络上轰轰烈烈，就算演绎成了现实中的欲望版本，那也很难演绎成柴米油盐，演绎成病前的嘘寒问暖。显然，女人除了要想象，除了有欲望，更需要务实，更需要生活，更需要安全感。后面的这些，显然是网络很难办到的。

第三，没能客观审视自己，助推剩女的数字成长。

这会让女人有错觉。她们会这么想：不管怎么样，我都有退路，我都有很多途径，我都还有底牌。你看看，谁谁都嫁得很好呢，你看看，谁谁还给我发暧昧信息呢！可是，这大多都是刺激，都是女人的一厢情愿。女人总容易自作多情、自以为是，错把别人的网络调情当真，殊不知，那只是一个男人的玩笑或者游戏而已。

格羽幸福新知：

有个70后女编辑左小鱼就大呼，我不是剩女!并在网站上高调征婚："都说网络虚拟，不可信，今天我就不信这个邪，我就要在网上征婚，谁来娶我？"我很欣赏她的勇气，更欣赏她利用网络这个途径给自己更多机会的积极态度，我反而鄙视那种明明心里着急得很，还装得安稳的女人。

对此，更有网络红人罗玉凤，此人身高1.46米，长相一般。可你看她的征婚条件：必须是清华或北大毕业生，经济学专业硕士。身高176-183厘米未婚帅气男孩。自她的征婚在网络上曝光后，被网友嘲笑，但她却毫不在乎，甚至声称自己通过这次征婚已经找到了清华男友。

我想大多数剩女们的条件肯定不比罗玉凤差吧，那就赶紧抓住“网络”这根救命稻草，去下载个好男人来结婚吧。

被背叛，被伤害，被单身

上世纪70年代以后，西方兴起了单身热潮，单身生活方式逐渐获得了更多人的认同。人们开始关注浪漫的情爱追求和情感的满足，婚姻作为一种天经地义的制度日益受到了挑战，一是婚姻从制度婚姻变成伴侣婚姻；二是个人婚姻更强调自我选择和自我发展，从而导致婚姻的“去制度化”，此种背景下的单身更加自由自在。

美国现代舞蹈家伊莎贝拉·邓肯就是典型。她公开保持单身，以叛逆的昂扬迎向传统。邓肯热烈的情爱生活以及无拘无束的肢体语言，征服了美国，也征服了对单身不幸的偏见。

而在中国，单身或者被单身人群，正在不断地壮大。

旅居上海的台湾单身作家蓝怀恩说，台湾早有“熟男熟女”的说法，比如“熟女”，就是指30岁以上的单身女性。这一代经历了台湾从贫穷到富裕的过程，受过良好的教育，经济条件不错，却一直单身，很懂得享受生活，在自己身上很舍得花钱。

实际上这类女人，大都在爱中受了巨大的伤害，或者童年的记忆中有过父母留给自己的阴影。不相信爱情，害怕爱情。正如电影《80后》里说的，“我是一个没有妈妈，也没有爸爸的人，绝望地渴望被爱，却不懂得如何去爱人。”

在爱情中，我们往往伤痕累累。

对于女人来说，爱情中受到的最大的伤害，莫过于男人的欺骗和背叛。特别是如今，感情中的“不忠诚”、“脚踩几只船”、“偷吃”、“劈腿”，在中国成为了家常便饭。

我的一个旅居中国的美国朋友柳素英（顽皮社话剧团创始人）说：“中国男女对婚姻的随意态度，已经超过了西方。”心理专家李子勋说：“西方的精英男人大多40左右才考虑婚姻，对婚姻很谨慎。西方的精英男子结婚后对家庭、子女上心，对妻子也忠诚。”

在中国，男人可能因为世俗结婚，但却对婚姻不忠诚。结婚并非万事大吉，搞不好还会离婚，当然离婚也变得很平常。

互联网时代，手机时代，太太经常会在丈夫的手机里看到小三儿的暧昧短信，会在电脑里看到小三儿的暧昧聊天内容，恐怕没有几个太太能坐得住。所以，在中国，做太太从来就不是省心的事儿。如今诱惑无处不在，稍不留意自己的丈夫就会出轨或者被出轨，做现在的大都市的太太则更难。而网上随处可见的离婚帖、小三儿贴、婚外情贴，都让女人们对婚姻有些寒心。

最后，我们累了，放手了，不要了，宁可一个人。这就是无数大都市男女的爱情轨迹。

如今经济能力独立的女性，为了寻找饭票而结婚的动力没有了。看身边的例子，越是有房、有车、有存款的女人，越是单身或者晚婚。民国时期的宋美龄还是大龄青年呢，她嫁给蒋介石的时候，已经是31岁了!别说是古代，换现在那也是绝对的大龄剩女呢，不过宋美龄肯定是黄金圣女了，所以有此定力!

对一个单身女人来说，最重要的就是要学会自己赚钱养活自己。

互联网时代更给女人更多的就业和创业机会，比如在淘宝上开店的店主大部分都是女性，这可是一个庞大的市场！于是，女人经济能力越高，结婚动力越低。

格羽幸福新知：

网上就流行了这样一段话形容新时代女性：“上得了厅堂、下得了厨房，杀得了木马，翻得了围墙，开得起好车，买得起新房，斗得过二奶，打得过流氓！”

看似一个搞笑的段子，实际上背后隐藏着多少女人的辛酸呢？

在我看来，结婚，只是一种表达爱的方式。这只对相爱的人有效。婚姻套不住男人，婚姻也无法给女人安全感。于是有的女人就会说：“反正男人结婚后也会出轨，那么结婚又有什么用呢？到时候分手还会更麻烦。”

主持人居文沛说：“每个人都回到自己的灵魂，看清自己内心需要的时候，你才知道生活是属于你的，没有人可以干涉你的生活，也没有人左右你的生活，因为你的生活跟别人没有关系。这个时候你才能看到你要的那个人是谁。你要的是别人给你的安全感还是你自己给自己的喜乐？”

以前，赚钱、干重活、生理需求，非得要家里有个男主人才行，如今女人自己都能搞定，或者女人通过钞票都能搞定，所以，婚姻变得不再那么重要，或者对有些女人来说，保持恋人关系也未尝不可。

败犬女王的骄傲和遗憾

资深传媒人董崇飞讲了一个小故事，说在电视台的一个前女同事，35岁了还未婚。她之前一直在做高端人物访谈节目，见多识广，用她自己的话说，“我什么大人物都见过。”眼界很高，对男人的审美品位下不来了。但之前一直在拼工作，到了这个年龄，错过最好“选择”时期，导致“高不成”，现在处在“被选择”时期，不甘心导致“低不就”。

美国有位经济学家发表了篇论文，从交易学角度分析择偶观。假如把男人、女人分为ABCD四种优秀程度，那现在的现状就是，A男想找B女，B男想找C女，C男找D女，所以D 男就剩了。反之，女人方面却不同，即是，ABCD女都想找A 男。最后结果是剩下A女和D男。这类A女通常就是“败犬女”。“败犬女”是上文所述中的最具主动单身资本的一批剩女。只是，无论这群女人事业多强大物质多丰裕，只要没结婚都还是被社会和舆论称之为“败犬”。

所谓“败犬女”是指30岁以上，高收入、高学历、事业成功，但无感情归宿的女性。源自日本女作家酒井顺子的散文集《败犬的远吠》，探讨未婚女性及其生活，认定年过三十的未婚女性，无论事业上多有成就、在职场如何叱咤风云，只要未婚就是人生战场上的一只“败犬”。这本书引发日本社会热烈讨论，“败犬”一词广获关注。

随着女性可以参与社会工作以来，外表光鲜亮丽、职场意气风发却不急着踏入婚姻殿堂的女性越来越多，这群人不以“未婚”为遗憾，相当享受单身生活。如同三立偶像剧推出的《败犬女王》电视剧一样。

“败犬女王”有什么特点呢？包括认为女人婚后仍要继续工作；一个人吃饭、逛街、看电影也没关系；厌恶大男人主义；不会对男生撒娇、什么都自己来。只要你年龄在25岁至40岁之间、未婚，且符合其中几项特质，未婚女强人也可以是“败犬女王”。

据调查，“败犬女”在信息、媒体业中最多。台湾有高达三成三未婚粉领族，抱持不婚主义、经济独立、享受工作成就感的态度，她们不认为没结婚是遗憾，被称为是“败犬”中的“女王”！

有人说：“我一直以为我是‘女王’，不是‘败犬’，但是就不知不觉忽然被加了一个头衔，突然有个‘皇冠’在我头上，但它不是一个很好的‘皇冠’。”她不认为自己就是“败犬”，多年来身边不乏追求者，只是生活忙碌，在不知不觉中，才发现自己已过了适婚年龄。

为何这些聪慧能干的女人，在婚姻市场却还不如那些资质平平的女人呢？她们从小勤奋学习，考入最好的学校，最好的专业，进入最好的公司，获得最好的职位，却得不到最好的男人，甚至连约会的对象也没有，这是为什么呢？

第一，忙于工作，没时间谈恋爱。

女人要做成一件事，比男人要难很多倍。不管是在事业上还是社会上，女人想要获得一定位置，必然会付出很多的时间和精力，不知不觉就成为了一个工作狂。

众所周知，恋爱好比小鸡炖蘑菇，需要慢慢熬，慢慢熬的。恋爱，是需要散步、赏月、看电影的。

第二，工作中的强势带到爱情中，吓跑男人。

格羽咖啡馆一个叫做絮翩的成员给了我启发，“她们对外非常精明，能干，社会能力比较强，智商都很高。但是她们对于爱情的智商，甚至比一般女人都低。她们如同男人一般地去战斗，所向披靡。她们的思维方式会变得和男人一样，即理性比较强，比起一般的女人来，她们更会控制情绪，更会长远规划，更会统筹逻辑，更会深谋远虑。她们追求社会属性，加入属于男性的竞争行列中，并取得和男人比肩的职位。”

这样的强势女人，通常也会不自觉地把这股劲儿带到生活中。而男人尤其是有点成绩的男人，都喜欢对自己崇拜的、温柔的小女人，所以这样的强势女人，往往会把男人吓跑。

第三，太理性，情商低，不可爱。

爱情上，她们屡屡挫败。通常，她们也会拿着这种过于理性的逻辑来衡量和看待。比如她们固执又单纯地以为，付出总会有回报，把这个逻辑运用在爱情上，即只要我对他好了，我是真的爱他，为他付出过了，他就一定会爱上我的，我和他就会美满地过一辈子。

殊不知，别人是否会对你产生爱情，和你对他好不好没有直接关系，爱是一种情感，而情感的产生必是感性的，不一定依靠理性的换取而获得。就好比有人会对你一见钟情，而在此之前你却什么都没有为他付出过。

“败犬女”同样也是可以抓住网络为自己增强情感制胜的砝码的。“败犬女”是前文所述的剩女一族，更是最具有主动单身资本的一群。所不同的是，她们的事业很成功，社会位置比较高，是典型的女精英阶层。超过30岁没结婚的“白骨精”就是“败犬女王”。

“败犬女”不是被时代所抛弃的，反而是引领时代潮流的。因为经济实力允许，她们可以用最新款的苹果手机，她们热衷各种PPT以及开各种的虚虚实实的会议，她们因为时间有限，会通过网络拍下自己的名牌包包，她们甚至通过网站给自己招助理，当然禁不住父母的催促，也只得偷偷在婚恋网站上注册资料，她们会去Facebook偷偷看中意男生的感情状态，也可能在微博里收获成群的粉丝……

格羽幸福新知：

“败犬女王”如何转败为胜呢？我觉得首先是观点的转变。不能将职场的法则用在情场上。这世界，事业是可以靠努力、靠勤奋去争取的，唯独爱情不遵循这个法则。这类人，无疑是把爱情当作事业一般地去经营。这就大错而特错了。

事业会随着你的付出呈正比，永远不会给你失望。而爱情可能会随着你的付出，可能呈上升，也可能呈下降，甚至是平行。所以，用理性来对待爱情，用经济学、投资学的方法去看待爱情，注定会失望！

虽然这些女人被嘲笑为“剩女”、“败犬女”，但她们害怕成为“枯萎犬”：结婚后，自己完全没有胜利的感觉，整天奔波于家庭、工作与孩子间，不但几头不讨好，而且自己还失去了活力和美貌，像一朵枯萎的鲜花，这就是“枯萎犬”！

所以，婚姻并不能给一个女人定“胜”和“败”，一个人最好的生活方式，只有自己最清楚。

请别叫我宅女，叫“居里夫人”

“娘子，我好饿，我对天发誓，我真的好饿。”

“你要是饿得慌，请对我们讲，S楼小卖部帮你忙……”

“这里有泡面，这里有饼干，这里还有那小豆干，顺便带个卤鸡蛋……”

这一句句令人捧腹大笑的广告词，来源于一则上传到优酷网站的名为“S楼宅女们的福音，是S楼的就分享”的视频，用的是《新白娘子传奇》的片段，唱的是《杜十娘》的调子，歌词是一则号称“S楼小卖部”开张的广告。校内网上、优酷网上，都在传这段视频。

小卖部就是赚宅女们的钱。而这正反映了校园宅男宅女的普遍。

何谓“宅”，起源于日本“御宅族”。OTAKU这个字是日文里用作第二人称的单字，相当于“您”、“阁下”或是“府上”的意思，写成日语汉字就是“御宅”。御宅是指一些人过份沉迷于某种事物，例如动漫画、游戏等。他们对于自己沉迷的事物无所不知，还每天不断寻找新的资料加以牢记，希望把想知道的事情尽量记入脑中，也不会主动去接触其他的事物。因此，他们完全封闭在自己的世界中，且不觉得自己的行为没有意义，每天过着很满足的生活。

如今，大陆的宅文化也正兴起，大有愈来愈烈的趋势。

互联网的发展对宅男宅女的形成起着决定性作用。本次民调发现，58.5%的人认为宅男宅女的成因是过度依赖网络，而在对这一现象的认识上，有26.4%的人认同“这是互联网时代的必然趋势，无人能阻挡”。同时，有40.5%的人认为自己在40 岁之前可能成为宅男宅女。参与本次调查的北京网友hobgoblin003 说：“40岁是个很好的分界点，我身边的很多朋友都希望可以在40岁之前赚够一辈子的钱，提前退休，到海南或者别的风景好的城市买个宅子，然后去找个女朋友，开始宅男的生活。”

宅男宅女们的生活状态都是怎样的？这里看到一个宅女是这么陈述的。

起床，穿着睡衣面对电脑，不停按F5键刷新网页，然后打游戏、看电影、看漫画，一首歌能反复听一天。家里备有泡面和各种干粮，饿了就随便吃点。手机永远调成震动，电话一响或者有人敲门就神经紧张。QQ、MSN常年隐身或者干脆不上线，有时候突然想找人聊天，说两句话自己就先不耐烦地跑掉了。出行地点仅限于住所两公里以内的范围，到人多的地方就会觉得很累。“有时候，也想出门走走，但起床、化妆、梳洗打扮完了已经是下午了，就放弃了。”

对比自己，其实我也算宅女。为了完成写作任务，我的一天大都是这么安排的：早晨10点起床，然后开始上网看新闻、搜邮件、打开“围脖”、登陆QQ、MSN，更新BLOG，通过电话或者网络跟人沟通处理工作事宜，然后隐身开始写作阶段，有时候背景音乐是网路音乐电台。写累了，不时去读者群或者“围脖”上溜达一会儿，跟大家做一些互动。午餐后继续写作。写作的时候又间歇查资料，互动；晚餐。看电视，状态好继续写作，状态不好就看看视频节目，比如《康熙来了》等。每周会有大采购，基本在网上买书，偶尔在网上买衣服。每周抽出2天时间会见朋友以及其他社交活动。通常，我一天的活动区域可能也就只有100平米。

我相信，像我这样的宅女有很多，因为工作性质是创意性的、艺术的、设计的，大都比较宅。待业女青年（现在大学生找工作比中专生难，待业大学生最多）、自由职业者（女）、家庭主妇、女学者、女作家，不参加社会工业化大生产，在家里忙活着或者闲着的女性统统称为宅女。最近一位不过夜生活的女白领自告奋勇也称自己为宅女。人人都说自己很“宅”，不知道这是褒义还是贬义？

如今，“宅”成为了一种生活方式。那么这是进步还是后退呢？我把这个问题放在“围脖”上，立即得到了反馈。快乐大工人说：“从历史的角度看，是倒退，女孩要身居闺中；从现实角度看，是与时俱进，信息社会给人们提供了宅的条件。可是为了你的健康，还是经常荡漾在大自然为好，可别辜负了春光明媚。”索斯比女人说：“我粉宅的啊，这是一种艺术。”和比利跳慢舞说：“宅，是一种幸福啊。自由自在，轻轻松松！不过偶尔也要透透气呐。”不过，“宅”的确也会引人担心。

首先，影响身心。

据网上的调查，48.5%的人认为“宅”会让年轻人失去动力和活力，应该引起高度重视，47.1%的人为宅男宅女感到担忧，他们认为“这是一种不健康的生活方式”。更有专家建议，宅人应该接受心理辅导。

长期宅在家里上网，对身体肯定是不健康的。的确，有了手机和网络后，生活更便利了。但缺乏运动，天天对着电脑，会让皮肤暗黄缺水，再加上吃零食等习惯，那就更容易让身材走形，尤其是长小肚腩。很多女孩认为，反正在家里，所以就不用打扮，于是总是邋遢示人，女人的那份光鲜渐渐消失了，尤其是那种臭美的感觉。

同时，长期坐着也会让颈椎和肩椎出问题，这时候不仅仅是体型的变化，还有健康问题出现，甚至长期自我封闭还容易患上自闭症，那就是心理问题了。

长期以不良的姿势看电视，就会感到腰酸背痛，严重的有可能造成驼背或脊柱侧弯等疾病。而且，抱着一大堆膨化食品，精彩的电视剧情会让你忘记自己已经吃了多少零食，但是逐渐鼓起来的小腹可是不会骗人的。

所以，我建议女孩子即使在家里也要注意保养皮肤，适当贴个面膜，定期做简单的运动，谨防颈椎问题。当然最关键还是要走出去见朋友。

第二，社交狭窄。

宅女天天耗在网上、躲在家里，自然就疏于现实中的社交活动了。所以，宅女们的社交圈是很窄的，即使有，都是通过开心网、校内网建立起来的网路虚拟社交。

研究此问题的纪德尚说："这正体现了人与人之间更缺少可信度，宅男宅女人群的出现反映出现实世界人与人之间的隔膜。"

如果让宅女完全戒掉网，那肯定是有难度的。我的建议是，网上和网下齐头并进，现实和虚拟社交，两手都要抓。这样，就会实现了新一轮的社交圈的"整合"。不过我建议是现实为主，虚拟为辅。

第三，恋爱成难题。

现在很多大学生以及白领都习惯宅在家里，社交圈小，耗时间在网上，自然就丧失了很多谈恋爱的机会。同时，很多宅女热衷虚头巴脑的网络恋爱，玩一点小暧昧，都是那种有一搭无一搭的恋情，最后大都不了了之，竹篮打水一场空。

亨廷顿在《文明的冲突》中说，21世纪，世界的冲突是文明的冲突。宅女和非宅男的这种冲突是两种不同文明的必然的冲突，一个是自然主义的生活状态，一个是高度工业化大生产中的螺丝钉生活，不可沟通不可融合。英达说："婚姻是两头驴子在一起的生活，是幸福的生活。"也就是说马再帅，驴找了马，日子也过不好，因为驴和马的文明是不一样的。这点用来形容宅女和非宅男的恋爱形式较为恰当。

格羽幸福新知：

我曾看到一句话说："大隐隐于宅，有爱就出宅。"此话非常经典，所以，要想恋爱谈下去，那就得走出家门去。

所以网上和网下齐头并进，现实和虚拟社交，两手都抓。这样，就会实现了新一轮的社交圈的"整合"了。不过我建议是现实为主，虚拟为辅。

宅女要先看准目标，一旦看准目标，那就变成一个主动的"食肉女"也没关系。

因为，你不吃，就被别人吃掉了。

为了幸福，有什么不可尝试的呢？

游戏寡妇还是游戏情侣

有一则新闻报道说，丈夫沉溺《魔兽世界》，妻子因此诉诸公堂，要求离婚。其事件过程是，李捷(化名)为了打网络游戏，不外出找工作，也不照顾妻子，不接送6岁儿子上下学。家庭重担都落在妻子赵裕(化名)一个人身上，她是商场的销售人员，每月收入对于一个三口之家来说，确实不好过，经济负担、家庭压力、精神负担压得她喘不过气来。尽管她多次提意见，但丈夫依然我行我素，经常在网吧打通宵的《魔兽世界》。最后，法院据此判决他们离婚。

因为游戏而离婚，听起来不可思议，但可见游戏对婚姻关系的影响不是小问题了。

"游戏寡妇"应该是来源于"足球寡妇"，如今的年轻男性，几乎没有谁不懂玩游戏的。游戏这东西，几乎天天可以泡。这样一来，是否意味着有几百万女性每天都做着"游戏寡妇"？据计算，2006年中国有5000多万网民玩过QQ游戏，2700 多万网民玩过联众世界，2700多万网民玩过盛大游戏。而玩游戏的大都是男人，那"游戏寡妇"将是很大的人群。

欧美国家的"游戏寡妇"也是由来已久。金麦卡丹尼尔是一位来自柯克兰的治疗师，她说："当我遇到寻求家庭治疗的夫妇，并问他们家庭中是否有沉迷游戏的问题时，通常丈夫都会说，没有没有没有；而妻子却说，是的。"她认为，在大多数前来咨询的家庭中，都存在沉迷游戏的问题。

为什么男人如此迷恋游戏呢？游戏治疗师斯科特说："沉迷的玩家很容易以虚拟的游戏世界取代真实世界。他们失去了现实世界中的身份，通过游戏获得自尊、满足内心的需求。"

一个痴迷游戏的中年男人说："游戏里那些完美无缺的尤物，真可谓此物人间不可有，唯独游戏中方存。这就不是你靠化妆、整容可以达到的境界了。游戏里的尤物永远不会老，可是身边的老婆早就发福了。"

看来，这就是虚拟和想像的魔力！当然追溯源头，则是社会压力大，节奏快，烦恼很多，生活平淡，从而在游戏里逃避现实，逃避责任，恢复一个自由身。对于这些游戏玩家来说，游戏不仅是世外桃源，更是一个冒险园，满足了男人的征服欲、好奇心和追求自由、放荡不羁的天性。

当然，有识之士也指出，男人沉迷游戏后，一种新型的家庭冷暴力应运而生了。女人感叹：难道那缠绵悱恻的现世真身，竟不敌虚拟空间的妖冶幻像？所以千万不要小看了这种冷暴力。因为游戏而感情破裂的恋人，数目会越来越多。

游戏是怎么让女人成为"寡妇"的呢？

首先，游戏成了情敌，让女人落寞。

游戏，尤其是网络游戏，就是一个花费时间、精力、财力和体力的综合运动。之前看一个台湾节目，黄立成就说，玩网络游戏的时候不会带女朋友，怕影响网游成绩。由此可见，游戏是女人多么大的情敌！

以前女人总爱发问："你爱我多一点，还是爱你妈多一点？”现在，女人会问：“你喜欢游戏多点，还是喜欢我多点？”问这样的问题时，现实明显摆在眼前，游戏成了女人的情敌！

一个女网友就感叹，仿佛也说中了天下“游戏寡妇”的心声：当男人的女友难，当一个超级游戏玩家男人的女友更是难上加难。以前要提防各色各样的“妖精”，但毕竟还是个人，有模有样。但游戏这东西，你摸不到又捉不住。你可以对勾引男友的“妖精们”当众破口大骂，甚至打去两巴掌，总算有个发泄的对象。可是当你的情敌是游戏时，难道你敢砸了男友的电脑？

还有一个网友说：“如果老公是工作狂，忙于工作无暇顾及我，我还可以理解。工作是赚钱，为了我们共同的生活。可是，如今一个人痴迷网络游戏，对家里的一切事情漠不关心。虽然他现在乖乖呆在家里，就在我身边，可留住了人留不住心，还不是独守空房。”

第二，游戏里无处不在的第三者。

英国诺丁汉特伦特大学的研究人员发现有四分之三的网游玩家会成为网上密友；差不多半数的玩家会私下见面；更有甚者，有十分之一的玩家会发生肉体关系。不过这项调查的区域差异值得讨论。此份以“网游玩家的社交互动”为题的调查报告还揭示出女性玩家更倾向于与游戏中的伙伴见面或约会，全体玩家中的30%承认自己倾心于某人——不仅仅是在网上。

网络游戏是情敌、是第三者，可伴随网络游戏的还有更可怕的真实的第三者，那就是同为游戏玩家的另外一个女人。不管是《传奇》还是《劲舞团》，女玩家也不少。天天泡在游戏的男男女女，在游戏里设置的角色里生情。这网络游戏不仅拆散了不少家庭，还让不少恋人进行了感情重组。

这样的例子就曾在我的生活中上演。我的两个好友一个通过玩《魔兽世界》认识了男友，一个因为《劲舞团》失去了男友。

面对这不容忽视的感情威胁，女人该怎么办呢？

第一，沟通在先，晓之以理。

在两性情感上，女人在沟通上是具备优势的。如果男人总沉迷游戏，女人肯定是需要跟男人好好谈一谈的。再大的矛盾和战争，都需要坐下来谈谈的那一天。很多女人说，“他不理我，我也不理他”，“他冷落我，我也冷落他”。看似一种平衡。好像是一种报复一样。实际上，这种办法只会让双方的感情更加冷漠，距离更加遥远。

所以，不妨明确告诉他你的感觉、你的看法，告诉他你很在乎他，然后一起去寻找解决办法。比如协助他一起渐渐从游戏的迷恋中挣脱出来。一起去看电影，一起去郊区玩，一起去做晚餐。

女人喜欢甜言蜜语，男人也同样是需要哄的。所以，如果强制性地不准男人玩游戏，反而会让男人产生抵制心理，还不如晓之以理，动之以情，后者的效果反而会好很多。

第二，索性成为游戏鸳鸯。

“非玩家不理解游戏的文化，他们认为游戏仅是浪费时间，简单地认为可以用看书或修剪草坪来替代。这些问题其实已经存在了几十年或几百年，在电脑发明以前就存在。和配偶对阵玩游戏乐趣无穷，比如一款叫‘我得到你了’的游戏。有时候，你很容易就进入了快节奏的游戏，我们向对方叫阵，这很有趣。”国际游戏开发者协会的德拉罗卡说。

是的，女人不去玩网络游戏，永远不知道游戏的魅力。“不入虎穴，焉得虎子?”国内有专家就提倡妻子、女友们也参与到游戏中去，理智地让另一半渐渐回归到现实生活中来。这样做，不仅能更加理解男人，还能增进感情，在游戏里形成一种新一轮的互动。同时，女人一边玩游戏还可一边了解情况，随时预防可能的小三儿。当然，还是要吃饭上班的，最后通常担心的是男人了，两人一起玩游戏，一起做饭，渐渐就从游戏里挣脱出来。

格羽幸福新知：

有人替玩游戏的男人辩解说，如果你真的了解你的丈夫，就应该知道“网络游戏”和他之间的缘分，比你俩的结识要早得多——婚姻才是网络游戏的第三者。

所以，面对网游如此强的情敌，对女人来说，不用太强烈，只能“曲线救国”。如果男人软硬不吃，那说明他不在乎你，根本不在乎你的心情，更谈不上给你幸福了。这个男人不要也罢。

男人的猎艳场，有性无爱

“天亮后说分手。”一夜欢愉后，大家成为陌生人。据说这有个定律：“谁先穿上衣服，谁就是赢家，后穿上的那个，总会多一些眷念。”

这描述的就是一夜情，通常是网络一夜情。

“一夜情”（One Night Stand），通常是指发生在两个陌生人之间，短暂的亲密接触，无须了解，也无须责任。其实，一夜情最确切的解释应当是一夜性，在我看来，国内的一夜情，大都是一夜性，都是有性无爱的游戏。

而网络是一夜情的助推器。网络以其虚拟性、符号性、互动性、超时空性、隐蔽性等特点，成了促成“一夜情”的温床。网络一夜情是指双方通过网络这种媒介发生的一夜情，即是网友双方在现实中见面以后的一种偶发的性行为，通常仅只一次，也可能是有限的两三次，强调双方均基于性欲求的特点，拒绝感情与责任，通常发生在并不熟悉的人之间。

据网易广东站调查统计，中国人发生一夜情的认识途径，有34%是通过网上交友，24.7%是通过聊天室。在现代都市中，一种新的男女交往方式，正随着网络的迅猛发展在迅速传播，有人说，一夜情已成为少部分人的生活方式。

以“同城约会”为代表的一夜情人们80%保持短期关

系，双方多为真正意义上的“One Night Stand”，激情过后都会陌生如路人，互相都恪守默契不再联络。下次上网时用新的名字再找一个新的他（她），这之前的谈情说爱只是一种铺垫。

据报道，21岁的北京女孩小怡最看不惯同龄人中“为了结婚而恋爱”的情侣，酷爱上网的她，梦想着通过网络找到自己的一夜情人。就在几个月前，同样是通过Google搜索找到这个同城聊天室遇见了一位姓王的同城男性朋友，然后是见面，没有更多的寒暄，几句最简单明了的问答之后，二人心照不宣地直奔“主题”。一夜激情过后，双方恪守承诺这事都忘掉了。

为什么这种有性无爱的游戏会在互联网上开满了花呢？

第一，压力大，寻求释放。

网友Jane说：“热衷于一夜情的人，很多是因为对现实太失望。要么是对婚姻失望，要么是对感情失望。一夜情不用承担太多的原本不属于感情的社会责任和义务，说不定会找到真正的感情。”社会压力大这是众所周知的，很多人在网上寻找一夜情，不用承担责任和义务，而且也满足了生理需求，能释放自己的压力。

第二，不相信爱情，追求感官刺激。

湖南师大社会学系教授陈成文说：“现代人关系的紧张，彼此缺乏信任，让人感到迷茫和焦虑。不少人明确表示不相信爱情，一夜情的短暂和不确定性正是这种精神状态的反映。新旧体制转型期的今天，物质一天天变得富足，但精神并没有同步发展。节奏的加快、竞争的加剧、生活的快餐化让人们失去了重心，表现在男女关系上就是速战速决，而网络又给了它一个加速度。”

是的，很多人越来越不相信爱情，觉得感情是太虚无缥缈的东西，还不如实实在在的性爱来得更真实和刺激。

第三，性欲压抑后的反弹。

北京大学社会学学者于长江说：“事实上，中国今天的婚恋和性别关系的变异和开放程度，在很多方面超过欧美日本等发达国家，这固然是中国社会转型期总体上伦理道德弱化的一部分，但也具有某种传统复兴的成分。从前，非婚性关系就存在，只是在制度和道德下有所收敛，如今各种先进科技带来了方便，借助互联网和手机变得更加肆无忌惮、无孔不入，可谓是人们经过了长时间的性欲压抑后的一种反弹。美国也有这么一个过程。从束缚到开放的过程，最后到回归家庭的过程。”

虽然一夜情很刺激，不用负责任，能带来生理快乐。我还是建议女人们不到山穷水尽，不到万不得已的时候，不要去玩这种一夜情的游戏。这能得到什么？

第一，一夜情是饮鸩止渴，留下更深的寂寞。

感官刺激后，剩下的是更深的寂寞。这除了证明你有青春可以挥霍之外，除了能证明你“脑残”外，还能留下什么？这还不如国外那些特殊职业的女人，至少那是一种职业，据说还得上税。希望通过“一夜情”来达到补充情感空缺的做法，只能是饮鸩止渴。

第二，一夜情挑战婚姻制度，导致无数家庭不幸福。

不可否认，网络“一夜情”本质是对配偶的不忠，这是对传统家庭模式的一种颠覆，它给配偶带来了极大的伤害和刺激，甚至会诱发家庭内部诸多不安定的因素；销蚀人们对婚姻家庭的责任心、义务感，瓦解婚姻家庭的道德基础，并引起尖锐的不可调和的夫妻矛盾，使婚姻分裂，家庭破碎，产生种种严重后果。

第三，对于女人来说，一夜情伤害身体。

对个人来讲，以性欲冲动为唯一动力，以肉体感官快乐为唯一目的的多性伴侣行为，只能激活和激化性的自然本能和生物本能，放纵性的自发性、盲目性、野蛮性，从而摧毁人的人格和尊严，消灭人的道德感和廉耻心，使行为失控、人性堕落，并使性病、艾滋病流传，直接危害人的身体健康和生命安全，产生众多意想不到的后遗症。

据香港的一项调查显示，由于“一夜情”具有突发性特点，大多数男女在发生关系时都没有必要的安全措施，这使得感染性病的可能性大大的提高。

第四，心理阴霾，降低幸福感知度。

出来混，迟早要还的。

激情过后，除了担心可能怀孕、患病、被他人知晓外，如何面对现在或未来的伴侣，这段不合法的性经历该深深掩埋还是从容道出，总归是潜藏于心头的一块巨石。“我好后悔”，这是当事者经常事后才发出的叹息，不过或许来得晚了些。大多数人身心背负着法律、道德、责任、良心等块块重石，难以承受长期的说谎所造成的心理上的焦虑和恐惧。暂时的欢娱毕竟无法逃避现实，这是一种无形的心理负荷，不管你怎么看，它终究是一片阴霾，而非灿烂的阳光。

格羽幸福新知：

美国著名的社会学家John.K.C有过一番精辟的诠释："一夜情主要是基于男女双方动物性的吸引，男女主角更多考虑的是对方的外貌、身体等非社会性因素，而忽略了恋人相处时应注重的主因，例如性格、品质、修养等等。从这个意义上说，一夜情是一种社会退步的表现，是人向动物的一种退化。"

我在微博里看见这句话，觉得非常贴切："在吧台认识的男人，不要怪他会一夜风流；想钓金龟婿，不要怪他以后比你更势利；开始就百般殷勤的，他对其他女人也会如此；他抛妻弃子得到了你，数年后此剧也会重演。——女人，不要幻想你随时会遇到那个好男人，只有在你自己的心态和状态最好的时候，遇见的那个，便是最好的。"

女人，永远是有爱的女人才是最美的，最有魅力的，才是最值得被珍惜的。灵欲结合，才是世上最美好的事情。

他为什么只暧昧，不恋爱

什么是暧昧？最经典的暧昧，应该是《花样年华》里低沉的音乐，张曼玉不断变化的旗袍背影，梁朝伟望不穿的含糊眼神，狭长的贴满哮喘广告的过道，斑驳铁栏的路边，昏红的宾馆走道，不明朗的灯光，一切都显得那么的反反复复，似是而非，若即若离。

暧昧是第四种感情，是要彼此保持一定距离的。太近了，没有张力；太远了，没有魅力。只有不远不近，才能产生吸引力。如果说爱情是精致的瓷器，那么暧昧则是粗糙的陶坯，这个演绎过程是需要技巧和心智的。

在我看来，玩暧昧的人，在生活中一定是会走钢丝的人。有时候，暧昧的魔力可能比真正的拥有还要大！那就是想要得到，将要得到，宁愿不得的感觉。

同时，玩暧昧的人，一定是高情商的人。而在所有的星座里头，双鱼座则是暧昧高手。如今，网络上暧昧的人有很多，可恋爱的人却寥寥无几？这是为什么？仿佛是暧昧风潮，暧昧盛世。

网络为男女的暧昧提供了机会。不管是QQ、MSN还是微博，都驻扎着这些暧昧的人。他会时不时地问候你，天气变化了会提醒你加衣服，看到你新的签名会有反应，会时不时地邀请你参加活动，仿佛对你花尽心思，可是就是不见他大胆地来追你。等你有点主动反应后，他却突然失踪了或者沉默了。

豆瓣网上有一个叫“暧昧症候群”小组，每天都有新鲜的在线话题。话题讨论的，虽然一样是人间烟火下的男女情感话题，但是却又很微妙敏感———没有人在这里说自己的男友或者女友，有的永远只有“暧昧”。小组里每天都有人发帖，告诉大家自身的暧昧故事，感动的、离奇的、甚至在我看来有点变态的，什么都有。看来，暧昧已经是大家的一种生活形态了，这是为什么？

第一，压力大，害怕承担责任。

生活在大都市的男女，不仅生存压力大，情感压力也大。一旦和某人确立了恋人关系，一旦和某人订婚，则意味着责任，照顾对方的责任，忠诚对方的责任。通常，这种责任是一种束缚，是一种压力。

而暧昧男女没有海誓山盟，甚至不是别人眼中的恋人，所以这样的情感无需为彼此负责，更不用对这段恋情负责，相对轻松。同时，暧昧男女也没有出轨，更没有违反道德，所以心底坦荡不自责，心理压力会小一些。

所以，很多人认为，“暧昧”关系是聪明男女的一种智慧选择，它比爱情少一点，比友情多一点。进可以攻，退可以守。它没有爱得死去活来的痛，也没有一旦情人离去后的沮丧，它不会让自己进退维谷，也不必担心后院起火。暧昧中的男女可以相互扮演师长、朋友、兄妹或柏拉图式的情人，通过网络、短信等传递着暧昧的信号。

第二，害怕伤害，丧失勇气。

这个社会愈来愈阴柔了，很多领域已经到了“阴盛阳衰”的地步。很多女人会抱怨，现在男人的基因已经改变了吗？怎么越来越懦弱了？怎么越来越没有勇气了。女人们甚至怀念起罗马场上争夺女人的角斗士了。

有人说，爱情的1000步，只要你跨出第一步，剩下的999步我来走。可是就是谁都不愿意跨出那宝贵的第一步。于是无数的恋情就永远地停留在萌芽期，长期没有雨露滋养，最后肯定会夭折。

之所以暧昧，是因为害怕受到伤害，是因为从前受过伤害。所以不敢去爱了，索性保留着这份好感。这也形成了暧昧的理由。所以大家宁愿在网络上遥遥相望，也不愿意牵手散步。

第三，选择很多，迷恋感觉。

我在微薄上写了段有关暧昧的感叹：“你有没有发现身边有很多这样的人，他们跟很多异性有暧昧，你进我退，你退我进，可以调情，可以暧昧，可以知己，但就是不恋爱。是因为害怕被套牢，还是缺乏安全感，甚至喜欢这种水火的游戏呢？”

浩董回复说：“现在怕被套牢的已经越来越少了，多半应该还是很享受这种水火的游戏。”我说：“这部分应该是迷恋这种感觉游戏，或者更多是一种沉醉精神恋爱的人，而且享受追求的感觉，但是又不希望完全拥有，因为完全拥有就丧失了想像的美好，就变得俗套和麻烦了。”

有人说，“暧”字，它的结构和“暖”多像，“昧”字和“味”字也很像，且“暧昧”的笔画加起来又都比“暖味”多几笔，是“一种温暖的味道”。

暧昧男女有风月之情，这时的空气中都似乎荡漾着一种温馨，这时的男女关系似蓓蕾，含苞待放。如果说激情是一种刺眼的红色，那么，暧昧则是一种诱人的粉红。暧昧男女喜欢这种若即若离的感觉，好像薄纱一样的朦胧的美感。很多人说：“谈恋爱，如果捅开那层窗户纸就不好玩了。”所以，暧昧的美，最是在不明不灭之时。

当然，暧昧男女因为没有责任，俗一点，就是没被套牢，所以通常都是多人暧昧，因为选择太多，因为定不下来，索性游走在几个人之间，玩着这种水火的游戏。不可否认，这种感觉很刺激，很美好，当然，也很累。

杨丞琳唱的《暧昧》歌词中写道：暧昧让人受尽委屈/找不到相爱的证据/何时该前进/何时该放弃/连拥抱都没有勇气/ 暧昧让人变得贪心/直到等待失去意义/无奈我和你写不出结局/放遗憾的美丽/停在这里。

的确，暧昧只是调味品，不可能是我们的主菜。在我们没有找到主菜之前，还是不要花心思在调味品上了。

格羽幸福新知：

毕竟，“暧昧”不是最终的状态，最好的结局是有情人终成眷属。

我们可能喜欢暧昧，但不可以暧昧一辈子。付出爱，换被爱。

韩剧里有这么一段话：“跳舞吧，像没有人欣赏一样；去爱吧，像不曾受过伤一样；唱歌吧，像没有人聆听一样；

干活吧，像不需要钱一样；生活吧，像今天是末日一样！”

所以大胆去爱，别再暧昧不清了。

同时，如果有了婚姻之后，还和别人暧昧不清，这时候的暧昧，就不是调味品那么简单，反而成为了定时炸弹。见过无数的例子，美满的一段婚姻，可能因为他人的一个暧昧短信，最后导致婚姻破裂。

总之，暧昧误人：有暧昧，没幸福。

女人迷恋网络其实是迷恋爱情

据说，女人有很多QQ号是为了调戏同一个男人，而男人有很多个QQ号是为了调戏不同女人。

以下是一封读者来信。

我已婚，是个老师。几年前，我在网络上认识了一个大学的书记，他对我很好，但直到现在，我们没见过面。我很单纯，在我什么都不懂的时候，和那个人语音聊天，还有，电话过无数次。后来他一直要求见面，我一直拒绝，这样我们维持到了现在。他已婚，从我是个小姑娘的时候，一直许诺和要求和我结婚。

我们没有见过面，我和他一直是以情人、知己的身份联络的，我在新闻里和网络中不止一次见过他，他的确在现实的世界里非常优秀和成熟。我一直奇怪他为什么不从身边找一个合适的，千里迢迢的相中我。虽然没见过面，但他对我非常熟悉，包括身体（我的一切资料都是真实的）。

生活中，我是个传统的人，我也知道我的作为在网络上和现实生活中背道而驰。他应该也知道我的矜持个性。从我相识到现在，一共三年了，一直留在网络上、QQ里。每次上网成了惯例，从相识到我嫁给他人，有着彼此的心碎和痛苦。他应该是个很有修养和素质的绅士。但是我一直不明白为什么他会对我激动和兴奋。为什么会爱我。我自知自己没什么优点和出众的地方，除了温柔和真诚，善解人意和不爱给人添麻烦。

我现在有一个爱我的丈夫，他有一个完美的妻子，都是高学历、高素质。我们都有彼此的生活，在我婚后，无意间联系上了以后，他说他无法忘情，一直还在要求和我见面发生什么，说哪怕只是一日夫妻，如果去了，也闭目了。我和他一直僵持了几年了，这段情感也造成了我很大的困扰，他不定时的给我发图片和留言，但是什么都不说，只是叫我的名字，非常热切和让人痛心。因此我生病过，医生说我是不是有心事导致的内分泌紊乱。

我不知道该怎么办，一直不想见面，因为他有他的家庭，而且我觉得见面，是对他的伤害。从没结婚的时候，这个结果就已经注定了。我有时候想，他对我有没有真感情呢？为什么说爱我？这些我从没搞清楚，就是这样的稀里糊涂的爱着他。

直到我的父亲介入，威胁我说，如果我继续和他联系，就去找他，我才放手，但是放手就是结婚。我嫁人了。他一直告诉我，他的家庭是不幸福的，让我等。可是几年过去了，他还是那样子。他为什么要维持呢？我一直不知道为什么。不见面不是我的懦弱，也不是我不爱他，我真的付出了，感情的付出，甚至为他生病，至今他应该是我的初恋，我和他的相差悬殊，他不能抛弃他的家庭吗？不能放弃他的结发妻子。他现在没孩子，是她的原因。

姐姐，他和她一年同不了几次房。从我是个小姑娘起我一直的困惑，我爱他，就顺着他，爱着他，怕他受一点点委屈，结果我担心我最终给他造成的是更大的心理负担。我不知道我该怎么办。

在给姐姐写信的时候，我已经告别了空间，也给他留了告别信。除了不见面，QQ上还有他的名字。姐姐，我每天都在想着他，念着他，和关心着他的一切动态。也许心思多了，身体却是愈发不好。

我想问姐姐一个问题，是不是该把他拉黑？到底该不该？

陷入感情漩涡的女人就是这个样子。站在局外来看，这个男人必须给拉黑。

女人就是这样，不管多大，内心都是渴望爱的。很显然，这是个缺乏爱情的女人，至少在现实的婚姻中，情感并没得到满足。这样的女人，在中国有很多。

情感空虚，情感荒芜。这时候，她们就会把这份对感情的渴望转移到网络上。

在感情上，女人往往比男人更在乎精神。婚姻中，寂寞的女人更容易出轨。

其实，也不见得网络上的男人比现实中的男人更好，与其说是女人迷恋网络，倒不如说是迷恋爱情。因为网络上的恋情没有家庭琐事和柴米油盐的困扰，所以可以更加充满了爱的感觉。

格羽幸福新知：

男人和女人面对网络的态度是不一样的。

男人可以做到不影响真实的生活，而女人的现实生活却受到影响了，为他茶饭不思，甚至生病，这太不值得。

网上有很多感情骗子和职业骗子，但也有一群这样的男人，他们可能在现实生活中和网络上的女人没有交集，正如案例中这样的，没有见过面，甚至都没有通过话。他们只是一如既往地关心、问候甚至调情，结果就不知不觉偷了女人的心。

那么，他们图个什么呢？不图钱财，不图性爱。其实，是图个放松，或者是一种娱乐和减压的好办法。

我相信有很多寄情于网络的女人，建议赶紧从这个“梦”中醒来，不要投入自己所有的心力。因为，真相是你把他当为主菜，他把你当成餐后甜点。

第三章

在哪里可以遇到他，网络告诉你

❤ 女人们要想嫁得好，就必须扩大自己的社交圈。电影《嫁个有钱人》里列举了去头等舱找老公的办法，后来大家又加入各种俱乐部。

人本来就是由无数的圈子组成，而人生就是不断从这个圈子跳到那个圈子的过程。高手总是游走于各个圈子中，寻找适合的人，不管是事业还是婚姻，不管是线上还是线下。

六度空间，透露男女的秘密

据说，如果历史悠久的英国社交杂志《Tatler》在一座城市创建了它的新版本，这就标志着这是一座有社交圈的城市。《Shanghai Tatler》2002年诞生，《Beijing Tatler》2003年诞生。此外，除了已拥有《Tatler》很多年的香港，其他中国城市似乎沉寂一片。难道那些城市没有社交？

社交，在《辞海》中解释为人与人之间的交际往来，可是在现代中国，我们似乎认为社交是一种更有阶级意识、更讲究仪式感的寒暄排场。沈宏非，常年出入社交圈内的文化名人，如此定义社交活动——“那是一种被刻意化的、有主题的、或多或少有些商业目的的聚众活动。”衣香鬓影、摩登音乐、华美空间、高脚杯的移动……从西方影视文学作品中移植过来的场景细节，如今一一铺陈出目前大家公认的社交画面。那是如今的中国真实存在的、无限虚幻的名利场。

如今，社交的触角已经延伸到了互联网。

20 世纪60年代，耶鲁大学的社会心理学家米尔格兰姆(Stanley Milgram)就设计了一个连锁信件实验。他将一套连锁信件随机发送给居住在内布拉斯加州奥马哈的160个人，信中放了一个波士顿股票经纪人的名字，信中要求每个收信人将这套信寄给自己认为是比较接近那个股票经纪人的朋友。朋友收信后照此办理。最终，大部分信在经过5、6个步骤后都抵达了该股票经纪人。

六度分割的概念由此而来，你和任何一个陌生人之间所间隔的人不会超过六个，也就是说，最多通过六个人你就能够认识任何一个陌生人。这就是六度分割理论，也叫小世界理论。

这种现象，并不是说任何人与人之间的联系都必须要通过六个层次才会产生联系，而是表达了这样一个重要的概念，任何两位素不相识的人之间，通过一定的联系方式，总能够产生必然联系或关系。显然，随着联系方式和联系能力的不同，实现个人期望的机遇将产生明显的区别。

比如，我要找我的偶像张学友，我通过媒体的娱乐部记者，记者再找到其经纪人，通过经纪人就找到了张学友。实际上，我与张学友之间，只隔着两个人（不到六个人）的距离。

于是，越来越多有识之士意识到六度理论的商业价值。六度理论实际是社交理论，社交价值意味着人脉价值，人脉价值意味着商业价值，同时，人脉价值意味着恋爱机会。尤其是在中国，人脉有时候决定了成败。

如今，各种社会化网站涌现了出来，其最大的作用是扩充了我们的社交网络。

社会化网站最爱说的一句话也许就是“朋友的朋友是朋友”，假如我认识的某A的朋友某B是我非常反感的一个家伙，而且我的朋友里面还有个人某C对那个家伙某B更加痛恨。所以在现在的SNS服务里面，我是不敢把某A和某C同时引入的，因为他们同时引入后，很可能的结果是某B和某C建立联系后，开始吵架。

其次，社会化关系已无秘密可言。

一个社会网络是，本质上说，一系列的关系个人或联名的个人或组织。一个人或一个集团可以有许多不同的网络。例如，一个人可能有一个家庭网络，学校网络，高尔夫球网络等。

在整个社会化网络中，我们每一个人都是一个网络的一部分，或各种不同的网络的一部分，我们不一定把它们当作全部，只不过作为我们了解和结交一些人的一种途径。

俗话说，看一个男人的人品，看他的朋友就大致知道了，物以类聚。而一个男人对女人的诚意，是带着女人去见自己的哥们儿，这时候，才说明这个女人在他心中的位置。对于两个不太了解的人，最开始，男人是有警备心理的，一开始是不可能就把你带入他的朋友圈的。

当然，在社会化网络很强大的时代，你完全可以有办法。你只需要在社交网站上，在开心网、人人网或者微博上，找到他，看他的朋友圈，看他朋友的资料，说不定，这个男人的前尘旧事，你通过社交网站对他已经了如指掌。他的同学、他的初恋、他曾暗恋的女孩、曾暗恋他的女孩，女人以她强大的触觉，都能统统掌握。

当然，如果你不想让对方知道你的心思，你还可以删除自己的脚印（浏览痕迹），真正做到“来无影去无踪”。

格羽幸福新知：

的确，这是一件不容忽视的事情，不管男人还是女人，在不经意之间，他或她就可能通过社交网站联系上你的旧情人，而你可能全然不知！

这种社会化关系，拓展了我们的虚拟社交版图，最后是虚实相交，于是，彻彻底底地扩大了我们的社交圈。

虚虚实实之间，从虚到实的过程，我们的恋爱，都可能诞生了。当然，还有无数的幸运儿，在这强大的网络关系里，一夜成名，享受明星的光彩，成为了草根明星。

社会化网络关系里，一切都有可能，惊喜总会留给有心人。

社交网，真实很重要

2009年底，我参加了奥美的社会化网络聚会，主办方大谈奥巴马是“互联网总统”，而且剖析奥巴马如何聘请互联网高人在社交网站（尤其是Facebook）上宣传，从而拉了无数年轻选民的选票。互联网时代举行的总统大选，年轻人政治参与热情大增，投票率也几乎创了百年纪录。由此可见，社交网站巨大的魔力，或者说，社交网站已经是年轻人的驻扎地，泡社交网站已经是生活不可或缺的一部分。

什么是社交网站呢？SNS网站（SocialNetworkingService），即提供通过互联网创建人际关系网络的服务、并通过这一人际关系网络满足其各方面需求的网站。

2011年底，统计数据显示Facebook的注册用户近6亿。就连以Facebook发展为原型的电影《社交网站》也成为2011年金球奖的大赢家，而Facebook的创始人扎克伯格则登上了2010年《时代》杂志年度人物封面。

在美国，几乎每个年轻人都在Facebook或MySpace上有一个自己的专区。花边新闻表明，美国婴儿潮一代也开始使用Facebook，比如微软的CEO史蒂夫鲍尔默，用它监视孩子在网上的活动。

在国内，开心网、人人网、QQ校友等等各类五花八门的社交网站也同样如火如荼。人人网的用户，90%以上均为在校大学生，白领用户少得可怜。于是，开心网便抓住这个机会，打着“白领”旗帜杀入了SNS市场，通过“病毒传染”的方式，在很短的时间里积聚了不少人气。

据统计资料显示，中国目前各种类型的社交网站数量达到了数万个之多，而且还在不断增长。同时，社交网站的用户数量也保持着较快的上升趋势。社交网站的用户规模已接近国内网民总数的三分之一。报告中指出，随着互联网普及率的进一步提高和Web2.0大潮的逐步推进，社交网站已经成为网民在互联网上的重要基础应用之一。

业内人士表示，SNS的本质是交流，社交网站把我们带入了一个全新的领域，它有效地利用了人们的碎片时间。伴随3G 时代的来临，手机用户将成为SNS的最大用户群体，手机平台也将会把社交网站推向另一个高峰。

所以，如果你不上社交网站，那么你肯定就是当之无愧的“奥特曼”了。

那么，社交网站究竟有什么魅力呢?

首先，社交网站的黏合度很高，让我们越来越离不开它。

根据互联网调查公司ComScore的统计，Facebook的用户平均每个月在线169分钟。相比之下，谷歌资讯的读者平均每个月只看13分钟，《纽约时报》网站的读者每个月只在那里停留10分钟。

Facebook 的黏性是扎克伯格创建最初计划的重要部分，它是人们现实生活中的人际关系的网络版。在生活中，跟朋友会面，一聊就是几个小时。跟家人一起翻看老照片，加入各种俱乐部。Facebook使人们能够以数字的形式做这些事情。

其次，帮助我们找到一切想要找到的人。

不管是Facebook，还是国内的开心网、人人网，都能寻找已经失去联系的同学和朋友。我们一生走过很多地方，遇见过很多人，上过很多所学校，换过很多次工作，结了多次婚，因此结识了很多人，其中大部分我们都已经不记得了，但是社交网站都记录着，并帮我们找到。

Facebook 创始人扎克伯格预计，你在Facebook上的用户名将是你进入数字世界的入口。1月他在德国演讲时说："我们认为，如果你能够构建一个世界性的平台，通过这个平台，人们可以输入一个人的名字，找到你想找的人，跟他交流。这将是一个非常有价值的东西。"

第三，社交网站让我们热衷分享。

FaceBook 在最初的时候，它就是美国大学生用来泡妞的。开学时，男生会跑去看哪个女生长得漂亮，她住哪个宿舍啊，那就是一个印着大家名字的本子，花花绿绿的，什么样的学生都有。而后有了Facebook，除了可以看到自己喜欢的女生的详细信息外，还可以写写日志，相当于是博客的功能。

如今，Facebook功能齐全，比如分享音乐、分享图片、分享朋友等等，只要你觉得好玩。从最初的分享信息，到分享心事，分享秘密，分享快乐和悲伤。

但不管怎么发展，交友恋爱的功能依然是最主要的。Facebook 已经成为国际恋爱的乐园。

第四，社交网站是"真实"的社区。

社交网站里，朋友的朋友，而不是完全陌生的人，这降低了社交的分享。也就是说，在社交网站上的人，并不是完全虚拟的。它是与现实息息相关的。

海内网CEO王兴说："Facebook最大的魅力和威力正是提供了一个平台——以个人为中心在网上真实全面地展开生活的平台。它先从'真实'入手，然后通过提供开放接口来实现'全面'。真实很重要。比如大型网络游戏也是一个虚拟社区。一个上网的人可以同时用多个虚拟社区，可以相对容易地从一个虚拟社区迁移到另一个虚拟社区，但是多数人可能只会用一个'真实'的社区。"

这个"真实"的社区，你和你要认识的人，都共同认识一个人。这个人，就是你们的桥梁，所以，这算是相对靠谱，相对知根知底，相对有据可查的，比那种完全的陌生人要可靠一些。

第五，这是一个无聊盛行的时代。

社交网站的火爆，当然和我们的时代背景分不开的，也和我们自身的需求分不开的。安定的时代，就容易滋生懒惰情绪，无聊盛行。

不管是学生，还是白领，以及公务员，我们大部分时间是枯燥的，是紧绷的，但有一个网站可以去偷窥别人的真心话，可以去买他当"奴隶"给自己擦地板，过一把瘾还是很痛快的。

格羽幸福新知：

对于我来说，我会每天都去开心网上溜达一圈，看看谁来访问过我，看看谁给我留言了，当然我有最新的文章也会发布到开心网上去和大家分享，开心网上的分享就是“转贴”。特别是最近，开心网和新浪微博的结合，让我省心了不少，我只要在微博上更新了消息，立刻就能在开心网上同步发布。这对于我和读者以及朋友的互动是有很好的促进作用的。

当然，每次看到自己被别人买去做“奴隶”，价格节节攀升，心中还是有些窃喜的。

值得注意的是，有一些情侣，为了表示忠心，两人拥有对方的网站账户密码。我相信很多人都有这样的经历。可是，潜在的危险是，她/他极有可能用你的名义和你的前任恋人对话，说不定就套出了不该套出的事情，这可是定时炸弹啊！

所以，不管是情侣还是夫妻，再甜蜜也不要共享账户密码，以免后患无穷。

“群”暗藏着的恋爱机会

什么是吸引力法则呢？简单说就是同类相吸，同频共振，这个宇宙法则告诉我们的就是我们的思想、情感、语言、行动结合在一起后的能量形式将会吸引与其本质相同的人、事、物，也就是消极能量吸引消极能量；积极能量吸引积极能量。

这和我们通常说的“物以类聚，人以群分”是基本符合的。而在网络上，是有各种各样的群的。

按交流平台不同有QQ群、博客群、论坛群、手机群；用兴趣作为划分标准则有购物群、炒股群、老乡群、亲子群、职业交流群等。热衷于“群居”的网民们在虚拟世界家长里短、谈古论今、快意驰骋……

除了QQ群、MSN群，还有豆瓣小组。豆瓣小组是很多文艺青年和小资喜欢聚集的地方。在现实生活中，就出现了以豆瓣小组名义举行的各种活动，比如在MAOLIVE定期会有豆瓣小组演出，这些社交网络的潜力，也包括它对文化的影响。在西方，有些歌手就是从Youtobe上发掘出来的，很多小众乐队会把自己的音乐作品放在网络上，通过这些社交网站来传播。

豆瓣上的小组千奇百怪，比如“你想不想早上有很多人叫你起床”、“想不想很多人帮你群发短信”小组、“写给陌生人的信”小组、“我们爱讲冷笑话”……其中，“我们爱讲冷笑话”相当火爆，无数热衷冷笑话的豆友纷纷献才，聊得不亦乐乎。

最近几天，我的好友糖糖显得特别有精神，每天早上8时30分就来到办公室，打开电脑、神情专注地开始忙活。到了下班点，她总是收拾得特利落，跟原来她总加班完全不同。问及原因，她说：“上周刚加入了一个新的QQ群，是‘7080群’，都是单身人士，群里男人女人的比例差不多，群每周都会做一些互动活动，比如爬山啊，烧烤啊，特别有意思，说不定我的真命天子就在里头呢。”

其实，周围很多像糖糖这样的网络群发烧友。他们有的可能是浅尝辄止，只是在少数几个群里静静地跟老乡、好友分享心情；有的则会热衷广泛社交，多的甚至拥有数十个“群”，范围从“影像群”、“美食群”、“天文爱好者群”、“败家群”等无所不包。

当然，现在很多网络群已经走进现实生活中了，不再那么虚拟了。

网友“看世界的女孩”是个热爱旅游的驴友，她自己每次旅游前都会在群里发征友启事征集游伴，“很多次都得到了响应”。“看世界的女孩”说得到最多响应的一次共有8个人，“浩浩荡荡的”。通过这种方式，她认识了天南海北的朋友，有时候到一个地方旅游就给群里当地的朋友打电话，大家就顺便聚聚，感觉非常温馨。

当然，我的读者群也会慢慢地从虚拟走向现实。随着我的写作计划完成后，我也会陆续做一些实体的沙龙，在北京、广州办群友见面会，让大家的感情更加密切。

为何女人如此迷恋群呢？

第一，寻求同类，寻找共鸣。

每个群都有一定的主题，不管是单身人士群，还是麻辣群，还是老乡群，还是准妈妈群。有群的地方，群里的人就一定有共同的特质和需求。

从人的基本的需求来说，人是渴望群体活动的，是渴望交流、渴望理解的。有同样特质的人们凑在一起，那自然会比较开心，所谓“臭味相投”就是这个道理。

我也是一个热衷群的发烧友，先后参加的群有几十个。从早期的“四川人在北京”的老乡群，到后来的“畅销书编辑作者群”到后来的“微博群”，当然，最最重要的是，我自己的读者群就叫“格羽咖啡馆”，属于情感交流的类型。目前我已经拥有了20多个读者群。每天非常热闹。

“格羽咖啡馆，源自法国的左岸咖啡馆，那是咖啡馆文化的极致。品一杯香浓咖啡，说说你的故事。在这里，格羽咖啡馆，永远为你留着一把椅子，那是你最柔软的心地。我，赵格羽，将静静聆听你的精彩故事。”这是我的读者群的介绍。

通常，我的新书通过群论坛进行传播和宣传，得到了快捷的回馈和互动，比如新书的名字，比如新书封面，我都放到群里，征求成员们的意见。同时，我的读者也会通过网络进入我的读者群和我沟通、分享，于是我的读者也成为了我新书的主角，为我提供了大量的素材。所以，我书中的内容大家会觉得很有亲近感，因为这些故事都是读者们提供的。

其中，有一个叫做天使的群友在群里讲了她的故事：“我妈妈对生活要求很高，对自己要求也很高。今年她都60多岁了，1米70的身高，90多斤，我从没见她发胖过，从背影看，她简直就和40多岁的女人差不多。她告诫我，女人连自己的身材都控制不了，一辈子也成不了气候。”于是我根据这个话题写了一篇《不减肥的女人没有未来》，结果在网上和读者群里引起了大讨论，读者们决定当晚就开始减肥了，非常有意思。所以，我在群里收益匪浅。

第二，减压。

这也是一个减压的好去处，网友“过客”说：“每天要跟数字打交道，心里那根弦绷得紧紧的，丝毫不敢松懈，回到家里，我最喜欢的事就是去‘群’里逛逛。这是一个热闹的地方，朋友间的嬉笑怒骂，节日的问候，搞笑的图片，看着这些我觉得自己会轻松很多。”

这是一个自由平等的世界，在这里，幸福的妈妈们一起分享宝宝经，股民们肆意分析大盘走势，发烧车友可以讨论周末的行程。想说什么，就说什么，如果累的话，就静静地“潜”在一边，看别人热火朝天地闲侃，兴趣来了，就掺和两句。碰上借机散布不良信息和图片的意图不轨者，还有群主出面“伸张正义”，及时“请出”，或者将其拉入黑名单。

第三，寻找另一半。

这些年轻人从网络论坛结识后，从虚幻的网络来到现实的生活中相会，成为他们节假日休闲娱乐的新方式。这不同于以前的网友见面，现在这种方式是以多人为单位，一般会有十几个人。在网上召集一些志同道合的人出去休闲游玩，正好解决了这个问题。其次，扩大了交际圈子，通过这种方式，可以认识不同的朋友，有的还找到了“另一半”，解决了婚姻大事。不仅如此，网络群聚还弥补了异乡人在外生活的情感空档，慰藉了生活的艰辛。

格羽幸福新知：

我的读者群就是以女性为主，可是却总有不少男性扎堆。问原因，他们说想了解女人到底在想什么。这部分男性是聪明人，他们成为了群里的香饽饽，他们在群里潜水，听女人的倾诉，为女人解答问题，人气相当高。

当然，也有不少聪明的女人，专门去扎堆股票群、高尔夫交流群等，那里精英男士多，竞争对手少，交友机会就多。

还有的男女，则热衷老乡群、校友群，通过聊天对彼此有了解，再加上有共同的话题，自然就有无数的恋爱机会。

除了QQ群、MSN群，还有微博群。群，无处不在，恋爱机会，也是无处不在的，别跟我说，你没地方认识异性。那只能说明你懒惰，懒惰的人，是不配拥有爱情的。

一般来说，人们对于“群”有一个新鲜期，过了之后就没那么积极了。尤其是发现群里无目标对象，或者自己已经有主的时候（花心的除外）。

所以，“群”是单身男女的聚居地。

啥样圈子决定啥样婚姻

美国的上流社会之所以像明星一样吸引眼球，那是因为它的门槛高。并不是说你有钱你就是上流社会。一般来说，有钱人是否真正能够进入美国的“上流社会”则还要看他的钱是“旧钱”（oldmoney，指经几代经营得来的钱）还是“新钱”（newmoney，指靠自我奋斗，一下子暴富得来的钱）。如果他手中的钱属于“新钱”，那么他充其量也只能说是属于按家庭经济状况划分的“上层阶级”，暂时还算不上是“上流社会”的人。

回溯到19世纪初，纽约的上流社会是指以艾斯特家族为核心的“四百人”的小圈子。艾斯特家族早年靠其祖宗约翰·雅各布·艾斯特与中国人从事皮货贸易而迅速致富。经几代人的努力，到了19世纪初，艾斯特家族已经成为纽约数一数二的“名门望族”。据说，约翰·雅各布·艾斯特的儿媳妇卡洛琳·艾斯特是那个时期纽约社交界皇后，她手中有一张400人的名单，详细记载着美国社会中名门望族家庭的名媛淑女。她每一次举办舞会，都是按这张名单抽取参加者，绝无例外。以后，在美式英语中，“400人”特指上流社会的小圈子。上流社会对于“新贵”的排斥，甚至连这个国家最有权势的人都不放过。相传波士顿的一位旧贵族对于肯尼迪家族的发迹史一直耿耿于怀，即使在肯尼迪当上美国总统后，也不忘咒骂肯尼迪家族是“在街上流浪的、下贱的爱尔兰人”，并拒绝与肯尼迪家族交往。

显然，在美国，上流社会作为一个别人很难进入的势利大圈子。几年前，我曾见过欧美同学会会长王辉耀。他跟我谈圈子的力量。其中，欧美同学会已经创办好几年了，吴鹰、张朝阳这样的名流都是会员。有一次聚会竟然来了1000人。他说，每个人带来的名片都发光了，这里面你不知道有多少人找到自己的投资方，找到了自己的合作伙伴，找到了难得的友谊，巧妙地得到未公开的商业信息。说起这个同学会，王辉耀脸上就流露出快意的笑容。

据说，盛大网络董事长陈天桥之所以能与微软前中国总裁唐骏“喜结良缘”，就得益于圈子的力量：两人同时参加一个软件行业的聚会，碰巧坐在一起，双方一交谈，惺惺相惜，于是就产生了一个轰动企业界的新闻。而在同学会中，这样的故事很多。当然，每年的海归大聚会，也成全了不少姻缘。是的，一个人的婚姻，取决于自己的圈子。想要嫁公务员，嫁牙科医生，嫁老板，那就首先要接触并进入这些圈子。

如今，中国各个城市的社交文化各不相同。

“使馆文化、皇城文化”是北京的社交特色，高高在上的名流精神，当然也有高尔夫俱乐部、红酒品尝会以及美容院的社交同，成为北京社交圈的主流。商业化是上海的社交特色，上海的社交圈就是全民性的品牌运动，在商业推动下，充满着谁都可参与其中的市民精神。广州的社交很务实，他们很直接，爱吃饭饮茶，利落地就把事情谈了。他们很现实，只为看得见的商机与人交流，不习惯所谓社交圈云里雾里的寒暄、空谈。

沈宏非说："城市与农村不同，它是隔绝的，才有身份焦虑感，渴望圈子，需要沟通。而圈子的特性就是需要巩固，也是要扩大。人需要不断去进入更有身份的高层圈子，得到身份的满足感、归属感，同时得到的是与圈子有距离而产生的痛苦感，因为人永远希望自己能在比自己更上台阶的社交圈里混。"

可是，现实的社交圈子是总是有门槛的。而网络的虚拟社交圈，则为大家提供了一个契机。

美国互联网调查机构"皮尤网络与美国生活项目"(Pew Internet and American Life Project，以下简称Pew)发布报告称，互联网能拓展人们的社交圈，甚至能促使网民进一步通过电话或者见面联络。

Pew 研究还发现，电子邮件是其他沟通方式的补充而不是替代，例如，那些每周至少给亲朋好友发一份电子邮件的网民打固定电话联系亲友的机会比其他人高25%，而打手机联络的几率则更高。

在社交圈子范围方面，手机用户要大12%；照片共享服务用户要大9%；即时通讯服务用户要大9%。在社交圈子多样性方面，手机用户要高25%，普通网民高15%，经常上网的网民、即时通讯用户、照片共享服务用户社交圈子多样性更高。

在国内，就体现在开心网和微博上。不管是开心网、人人网,还是微博，你可以通过它找到你失散多年的同学、同事，甚至同学的同学，同事的同事，只要你感兴趣，你都能与他们零距离，这就是SNS的魅力！然后给自己心仪的人发信息，送玫瑰送蛋糕，仅仅就是点击鼠标的事情。

中国人民大学新闻学院副教授周勇认为，社交网站具有很强的情绪转移功能，通过一些简单、愉快的交流互动，可以帮助舒缓压力、拉近人与人之间的距离。中国社会科学院博士施琛华也认为，社交网站的兴起，让现代都市人找到了一个减压的好方法。

有用户表示，“开心网让我得到很多现实中没有的满足感，这就是一种童话式的安慰，没必要那么较真”。看来，虚拟社交圈的火爆犹如星星之火，可以燎原了。

当然，需要注意的是，每天都能在开心网上跟人聊得火热，也会大胆地将心仪的女孩“买进卖出”，但一旦回到现实中，发现自己甚至比以往还要内向，“担心自己患上了社交恐惧症”。

我的最好的朋友曾珠和她的老公结婚了。而恋情的培育就离不开开心网这块沃土。当时，曾珠和他的老公都处于空窗期，之前并不是很熟，生活中见面聊天都不超过三句。两人起初都试探对方，但又不能完全摸透心思，只有通过开心网的买卖奴隶以及抢车位游戏从而了解对方。渐渐地，两人天天都泡在开心网上，你来我往，情愫产生，当开心网流行偷菜的时候，两人已经准备结婚了。

格羽幸福新知：

在我的《给爱情加点盐》那本书里，写过一篇《你越优秀越有人要你》：优秀的女人，根本就不用担心嫁人的问题。

你嫁得好不好，跟你什么年纪出嫁无关，跟你自己的实力，包括社会地位、收入、学历、见识、魅力这些东西有关。永远都是人外有人。你觉得周围优秀男人都没了，是因为你自身不够真正优秀；你变得更优秀的时候，更优秀的男人就出现了。

于是，女人们要想嫁得好，就必须扩大自己的社交圈。电影《嫁个有钱人》里列举了去头等舱找老公的办法，后来大家又加入各种俱乐部。

人本来就是由无数的圈子组成，而人生就是不断从这个圈子跳到那个圈子的过程。高手总是游走于各个圈子中，寻找适合的人，不管是事业还是婚姻，不管是线上还是线下。

弱链接，爱情只隔着一个人的距离

看纽约怪才马尔科姆·格拉德威尔的《引爆流行》(《The Tipping Point》)，其中介绍了“弱链接”的理论：最亲近的朋友可能生活圈子和你差不多，你们的生活几乎完全重合。而那些久不见面的人，他们可能掌握了很多你并不了解的情况。只有这些“微弱关系”的存在，信息才能在不同的圈子中流传。

正如《庄子·山木》中写道：且君子之交淡若水，小人之交甘若醴；君子淡以亲，小人甘以绝。

“弱链接”揭示了对人具有功利（实用）关系的，不是最亲密朋友，而是“弱链接”的朋友。

为什么微弱关系比亲密关系还能起更大的作用，并能帮助自己找到工作甚至伴侣呢?

首先，谈一谈社交成本。

人与人的社交，需要付出时间、精力以及智慧，这都是成本，可是每个人的时间和精力都是有限的，这又会衍生了机会成本。纵然是社交女皇或者达人，也不可能与所有有价值的人交往。

我通常会把我的交际网络看成一个不同层的圆。最外部的是不太熟的朋友，然后是已半熟的朋友，核心层的朋友也就5 个左右。因为就算精力再充沛，如果每个朋友都是亲密朋友，每天电话联系见面，那将会让我不堪重负，我可能什么都做不了。所以，我们必须计算社交成本。

INSEAD组织行为学副教授马丁·加奎罗（Martin Gargiulo）说："我喜欢把社交网络比做铜线或电线。线越粗，输电量就越大。同样的，在网络中你奉献的越多，在你有需要时，向你伸出援手的人也就越多。"

加奎罗警告，正如粗电线比细电线贵却不一定好用一样，大型社交网不一定就是最佳的社交网。维持太大的社交网络往往耗费太多的时间和精力，在顾此失彼的时候可能反而失去最得力的朋友。

我非常赞同加奎罗的"核心社交网"理念，人们在社交网络中"提炼"出一个核心社交网，人数介于20到30人之间，甚至可以小至15到20人，这取决于个人的社交能力。虽然核心社交网中的成员在不同时期可能有所轮换，与某些人的关系有时可以强点，有时则可以弱些，但每个人都应拥有这样一个核心社交网并用心去经营。

其次，社交本身有局限，符合150法则。

有人说，社交网络是一项资产，对个人的帮助很大，但它也可能是一种负担。这就好像爱一样，适当的爱很美好，太沉重的爱也是负担。

这里不得不提"150法则"(Rule of 150)：从欧洲发源的"赫特兄弟会"是一个自给自足的农民自发组织，这些组织在维持民风上发挥了重要作用。有趣的是，他们有一个不成文的严格规定，每当聚居人数超过150人的规模，他们就把它变成两个，再各自发展。"把人群控制在150人以下似乎是管理人群的一个最佳和最有效的方式。”

150成为我们普遍公认的“我们可以与之保持社交关系的人数的最大值。”无论你曾经认识多少人，或者通过一种社会性网络服务与多少人建立了弱链接，那些强链接仍然在此时此刻符合“150法则”。中国移动的“动感地带”Sim卡只能保存150个手机号，微软推出的聊天工具“MSN”只能是一个MSN对应150个联系人。

当然，现实中，和我们保持强链接，即亲密关系的，都不会超过150人，尤其是宅男宅女当道的社会，保持强链接的有50人就不错了。更多的人都存在于我们的弱链接里。

然后，亲密关系只是信息再循环。

加奎罗说：“如果你社交圈子里的人都是属于你那个阶层的人，这就形成了专家所称的，密集网络。你可能以为自己对整个机构内的事务已了如指掌，但实际上你们的交流只是信息再循环。但总有一天，你会惊觉原以为被每个人接受并认可的观点实际上只适用于你自己以及圈子中的人。”

这点不难理解，因为和我们有着亲密关系的人，通常都是同事、同学以及邻居，和我们有着太多类似的经历，所以其圈子也相差无几，了解的信息也是相差无几的，而且再循环后惊喜并不大。

于是，弱链接才会有意想不到的惊喜。来看看微弱关系的威力吧。

社会学家马克·格兰诺维特尔1974年发表了一篇研究论文《找到一份工作》，其中他采访了几百名职业工作者和技术工作者，记录了他们的就业经历。发现有56%的被调查者是通过个人关系介绍找到工作的，其他20%是通过自己申请求职找到工作的，约18.8%的被调查者是通过猎头公司等渠道找到工作的。

我们经常说三个字“人托人”，这就是“朋友的朋友的朋友”，这些疏远的关系，才会存在着惊喜，正因为我们不熟悉，才会埋藏着金矿。

格羽幸福新知：

通过个人关系找到工作丝毫不让人意外，而意外的是这些人利用的个人关系大多数都是非常疏远的“微弱关系”，真正依靠父母、最好的朋友等“强关系”找到工作的人比例很少。

当然，人托人找老公的大有人在。

我认识一个女孩，当时她着急结婚，着急到每天早晨在卫生间里觉得天要快塌下来。眼看就要30岁了，可男朋友影子都没看见。后来她稍微留心了，听到自己的同事说她的姑姑在华为任财务工作，说华为很多单身男生，不仅名校毕业，而且还很会赚钱。于是，这个女孩就记上心来了。她开始对她的同事非常好，然后她的同事也很喜欢她。她说起自己的烦恼，然后隐约中透露出自己想要找个大公司的职员。同事心领神会，马上托自己的姑姑帮她物色。结果是，她果然成功把自己嫁掉了，而且两人一起玩游戏看电影，一副幸福样儿。开始劝周围的单身贵族们赶紧结婚，一个劲儿说结婚挺好的。当然她的幸福，离不开“弱链接”，就是同事的姑姑，一个当时只是听说过的人，结果成全了她的大好姻缘。

互联网时代，人人都可以是中介，不管职业中介还是婚姻中介。

也许，你和他，就隔着一个人的距离。

社交女皇、绯闻女孩还是网络红人？

说到社交女皇，就不得不提欧洲沙龙女王蓬皮杜夫人，她热爱艺术，推动文学、绘画以及建筑的发展。

她的聪明之处在于她并不把目光完全盯牢国王——她兴建了埃弗勒宫，即今日的法国总统府爱丽舍宫；资助出版了《百科全书》；在她的关心下，法国的文学艺术空前繁荣，伏尔泰的著名悲剧《唐克雷蒂》就是献给她的。她一方面使自己成为国王的“习惯”，另一方面她不停地在做这做那，不动声色地吸引着国王的注意力，那些《百科全书》、《唐克雷蒂》以及爱丽舍宫至少给她打开了另一扇窗子，以使她不致因整天想着她的那些情感危机，而变成一个焦躁、变态、喜怒无常的女人。

蓬皮杜夫人之所以一生受宠，其卓越的社交能力帮助了她不少。社交对蓬皮杜夫人来说，既能转移自己的注意力，又能吸引国王的注意，可谓一举两得。这里就不得不提沙龙文化。

Coco Chanel、Elsa Schiaparel li均是沙龙宠儿……也被人不怀好意地称为“交际花”，就连Coco这个名字也是来源于那个内部会员酒吧认识的男人。她们在男人堆、富豪堆、贵族堆里见识了更广阔的世界，与名流们建立亲密的关系，在各个男人之间游刃有余。当年的约瑟芬皇后就是典型的社交女王，为拿破仑的登基起了重要作用，当然这也是拿破仑选她做皇后的重要原因。

那么，新时代，欧美的派对女王、沙龙女王们，又过着怎样的生活呢?

《精品购物指南》上曾有一篇文章标题叫：《Social queen 社交女王得天下》。有能力叱咤时尚风云，几十年屹立不倒的，往往是在交际场上大小通吃、人人买账的角色。她们并非活色生香下肤浅的点缀，在处处讲究私交的时尚圈，要想登上主导潮流话语权的宝座，无疑需要奉行这样的真理——能“混”者得天下。

在大小的时尚派对里，她们的着装比起那些滴水不漏的明星示范要让人提神得多。她们没有对媒体评论的怯懦，每个人都忠实于与众不同的风格。而熟稔的社交技巧恰恰为她们拓宽了炫技的渠道，把她们推向了新一轮的话题焦点。

纽约最红的夜店Bungalow8，时有Lindsay Lohan、Leonardo Di Caprio、Victoria Beckham这样的大明星光顾。隔三差五这里就会举行各种花哨的派对，将混迹于时尚圈的重量级人物统统招揽过来。其中，风头最劲的是Tinsley Mortimer，成为各大时尚杂志的新宠。

这里不得不提《Sex&theCity》的编剧Candace Bushnell，她本人正是女主角Carrie的原型，她喜爱的粉红香槟能被纽约年轻人喝成时尚。这个当年赖斯大学的辍学生，是典型的派对女郎，丰富的社交经验和敏感的时尚触觉为她谋来为《纽约观察家》写专栏的机会。这位品位出众的熟女在曼哈顿的名利场里摸爬滚打近20年，一会儿在床上高调采访CK

内衣男模，一会儿又津津有味地打探上流太太们的婚姻恋爱，人际关系异常多彩。这个时尚圈的话题人物很快就打动了HBO的高层，将专栏拍成热门剧集，一跃步入上流社会，颇为传奇。

新时代的时尚宠儿，派对女王，其引领时尚潮流的威力，关注度会更高。之前，巴黎成人舞会，每一届入选的公主以及集团继承人的最新照片都会瞬间在网络上疯传，其中万宝宝和叶明子在舞会上的照片，更成为人们的谈资。

传统的派对女王，如今纷纷成为了网络红人，并在网络上大受追捧，现实中则拥有了更多粉丝。当然，除了网络推动派对女王更女王外，而手机的及时信息，更让这些人成为了"绯闻女孩"。

HBO超红电视剧《绯闻女孩》，是第一部将博客和手机短信作为核心元素展现的电视剧，其中，剧中的Serena就是一个依靠博客和手机短信影响校友的绯闻女孩。

电视剧以一段自白开场：欢迎来到纽约上东区，我们在这里生活，在这里上学，在这里玩儿，在这里睡觉——有时和其他人一块儿。我们有无穷无尽的金钱、豪饮和任何我们想要的东西。我们的父母很少在家，所以我们有很多私人空间。我们时髦，我们继承了一流的好长相，我们穿漂亮衣服，我们最了解派对……

这部热门网络剧，年轻观众们可以用电脑或手机下载每一集，也可以在MySpace等社交网站以及该剧的官网上收看。看一集，马上买几件剧中刚出现过的漂亮服饰，只要动动手指，你的信用卡就刷去几百上千美元，而你很快能拥有Blair

穿的Ralph Lauren裙子、Fendi墨镜，或者Balenciaga手袋……这才是《绯闻女孩》最可怕的地方。

同时，《绯闻女孩》Serena的扮演者也因此大红，并引领时尚潮流。时尚预测家们认为《绯闻女孩》所引领的preppy风潮将越滚越大。Alexander Mc Queen、Luella、Dolceand Gabban2009秋冬的系列中都有大量格子呢和斜纹软呢，Givenchy、Calvin Klein、Phillip Lim、Lanvin也大推清瘦女学生造型。而该剧的女主演也频繁登上时装杂志封面，在全球范围内迅速蹿红。比起时装杂志，与明星、电视剧和电影有关的时尚能够吸引到更广泛的人群。这可谓是网络成全了这些红人。

国内，也有一个派对女王。那就是之前因章子怡的“泼墨门”浮出水面的名媛赵欣瑜。作为京城最有名的名媛，赵欣瑜最热衷举办各种PARTY，王菲、那英、刘嘉玲等巨星都是其好友，她从2006年开始参加嫣然慈善基金的筹款晚宴。当很多人需要到香港才可以一览各大品牌新品的时候，她在家就可以独享世界各大一线品牌给她专门快递到家的详尽产品资料。如果她需要，只需要一个电话就可以预定。她曾说：“很多明星需要品牌给她们提供服装参加活动，我不需要。我的服装都是自己在世界各地购买的。”

哪知道，这“泼墨门”一出，赵欣瑜也成了网络红人，关于她的各种照片层出不穷，前世今生也被逐一曝光，不仅是强大背景，她的男人，她的儿子，她的服装间，她的爱玛仕包，她的专辑封面，全部都被强大的网友人肉出来了。实在是惊叹网友的力量。

所以，新时代的名媛们，往往是集社交女王、绯闻女孩以及网络红人于一身，风头更劲。

格羽幸福新知：

也许你会说，这些派对女王离我们的生活太遥远了。不，大错而特错，小心你朋友的相机，也许你在和某个朋友耳边说悄悄话的时候，就被对方拍了下来传到微博上。那时候，绯闻就会找上你了，如果身材火辣的话，还可能成为报纸的大主角。

当然，如果照片被正牌男友看到的话，那么麻烦就大了，也许好端端的一段恋情就因为一张微博暧昧照片寿终正寝了。

相亲之前，务必恶补星座知识

你仔细看看，你周围是否都是些这样的女孩，每天上网看星座博客，看自己的运势，看热门的星座帖子，在星座群里讨论男友的星座和自己合不合。当她们遇到一个新朋友，问的第一句话是：“你什么星座？”当有一天闺蜜找了一个新男友，问的第一句话也是：“他是什么星座的？”

这就是狂热的星座八卦女孩。

其实，大明星很多也是星座八卦女。

妮可·基德曼在《澳大利亚》中扮演不畏艰难、千里寻夫的英国上流贵妇，戏外却是超级传统的女性。英国媒体披露，她疯狂迷上占星学，只要遇到重大决策，一定请教占星师指点迷津。这位占星家的客户除了妮可·基德曼，还有佩内洛普·克鲁兹、莎拉·洁西卡·派克以及布兰妮等人，生意络绎不绝。妮可迷恋占星有迹可循，2008年7月她以41岁高龄产女，透露来自泉水的奇妙功效，原来她在拍摄《澳大利亚》期间，曾在澳大利亚西北部小镇的瀑布下，与6名女性剧组成员一同戏水，后来7个人全部怀孕。

其实，星座是舶来品，早前在港台盛行，如今在大陆也开始火了起来。记得以前在《Bj单身日记》中就看见女主角特迷星座，每周必看运程，后来在台湾的综艺节目知道了薇薇安和唐立淇，渐渐，大陆有了闹闹女巫，而星座小王子也到内地来发展，还有国内很红的流量4亿的星座名博时尚牡丹。

一个叫snowmay的网友说到自己对星座的迷恋：对豆瓣某个星座兴趣小组的小朋友们来说，星期三就像发工资，考试发榜，自己过生日那样重要。为什么呢？因为这一天，《上海壹周》最新出炉，那上面有闹闹的最新一周运程。而买到的那个同学，会抽午饭时间逐字逐句敲打出来发到网上，跟组内其他小朋友分享，此举更让那些千里之外买不到该杂志的同学感动得眼泪汪汪。

网易的网友黑白灰说：“有的人一天不看新闻联播就觉得跟世界脱节，爱好星座的小朋友们一天不看星座也会觉得生活索然无味。我特别相信玛法达，而经过一次地毯式搜索我发现一个规律，每周运程网络版会在前一周运程的最后一日的午夜或第二日凌晨出现新的信息，而且只出现在台湾某个小众社区版块。因为这一意外的发现，我身边的很多朋友都收藏了那个网址。”

其实，我也算一个星座八卦女。最近我总结了我参加几次女人聚会，每次聚会谈得最多就是星座，比如她和他的星座合不合等。从最初只知道太阳星座，后来知道月亮星座、上升星座以及金星的重要，知道要看一个人的整体得看星盘，略懂星盘后，就在论坛上游逛，发现原来性格和血型之间是有密切的联系的。

我个人，就经常在我的读者QQ群里以及饭局上，推崇星座血型平衡理论。星座和血型要互补，如果星座太内向那么就该有外向的血型去互补，从而达到平衡。星座和血型平衡比较好的组合有：O型巨蟹座、B型狮子座、A型双鱼座、O型处女座、AB型金牛座、AB型白羊座、A型天秤座、A型双子座……保守、木讷、顽固的星座就给他搭配上一个灵活、开化的血型(ABorB);悲观、消极、阴暗面太多的星座就搭配上开朗、乐观、积极向上的血型(BorO)、没心没肺、吃饱就睡型的星座就搭配上认真、较劲的血型(A)……

身边很多女人相信星座，就连男人都习以为常，不过仍然会问我："为什么女人这么相信星座，真的有用吗？还是只是追赶时尚？"在我看来，星座文化在女人之间的流行，原因有很多。

首先，女人天生缺乏安全感。

女人，一向喜欢掌握将来，星座就给予女人一个先知先觉的力量，一旦女人对将来有所把握，女人的焦虑便一扫而空。

其次，迷信力量。

星座究竟是什么？也许没有人可以给出完全权威和不需要置疑的答案，但这并不妨碍我们相信星座。

相信什么？也许是一种善意、希望、甚至幽默感。一个对所有未知的、不能掌握的事物，都一概否定的人，一个不愿意去相信点什么的人，是多么乏味和无趣啊。

如果女人有段时间特别迷星座，那一定是她内心很迷茫，很慌张，渴望找到一种解释和证明。这时候，星座就出现了。

第三，星座是很好的交流话题。

“你是白羊座，我是狮子座，我们真的不太适合交往，对不起……”

“星座今日运程上说了，处女座的幸运数字是7，我要7号座位吧。”

“原来她是巨蟹座！难怪每次小组会议上她都要反对我的提案！我果然和巨蟹座就是合不来呢……”

女人之间，只要一聊星座，所有的隔阂就没有了，就再也不怕冷场了。

第四，星座体现了快速社交文化。

女人信星座，都是信十二星座的各种不同性格，以这种概念来附加于认识的人的身上。

试想想，如果你认识了一个男人，你知道了他的星座，然后从他的星座中推算出他的喜好、性格、品味，那样，你便对这个男人有了把握。

我们为什么都信星座，那是因为我们太忙没有时间慢慢了解一个人，于是通过星座来简单分类。从前，谈恋爱的男女，青春年少，总会在黄昏晚霞满天时，一起压马路、吹晚风，不知道牵手走过多少梧桐大道，不知道看过多少星星和晚霞，那么浪漫的爱情啊！爱情就好像一锅好汤，用小火慢慢熬，慢慢炖，才炖出了美味。那是我们从前的爱情，慢慢地了解，渗透式地相爱。

而我们现在呢？我们都太忙了，我们都没有时间，我们都有很多机会和诱惑，于是我们已经没有耐心把很多心思花在一个人身上了，所以，用星座去快速判断对方，倒不失为一种可行的办法。

格羽幸福新知：

我看到一个笑话：男女相亲，男的问女孩，你是处女吗？女的一惊，心里不知道如何回答。过了片刻，男的才说，你要是处女就好了，因为我是金牛的，金牛和处女最配了。女的这才松了一口气。

由此可见，男女相亲之前，务必要补补星座知识。至少可以活跃气氛，增加共同话题，加大胜算的可能呢。

而且，猜星座也是一个很暧昧的行为，一副你猜猜看的表情，非常有互动效果。聪明的男人会说："我不太懂星座，不过倒对手相有些研究，我可以为你看手相。"于是，男人就会理直气壮地去牵女孩子的手，说不定就此抱得美人归。

那么，在选男友的时候会介意对方的星座吗？亚洲星座达人星座小王子是我好友，他说："对于现在喜欢星座的女孩，都是透过星座有集体认同吧！不过，真有喜欢的人谁会管啥星座？"

是的，你可以玩星座，但别被星座玩儿了！

偷菜和偷情哪个重要

“开心农场大坏蛋，培养网上盗窃犯，不睡觉，不吃饭，睡到半夜到处窜，他攀墙，我跳院，月黑风高好作案，人手一张麻袋片，这拔葱，那拽蒜，茄子土豆偷成片，谁家菜地都不管，偷完马上往家窜，一到家里傻了眼，自家蔬菜全不见。”这是在网上广为流传的“偷菜”顺口溜，因其脍炙人口而受到“偷菜者”的热捧。

如今，“偷”，突如一阵春风来，千树万树梨花开。

写这篇文章的时候，QQ就显示有朋友送我珍惜的老虎花种子。一句“你偷菜了吗?”正成为时下网民乃至人们在现实生活中最常挂在嘴边的话题。从7、8岁的小学生，到20多岁的年轻白领，再到已过知天命之年的中老年人……当今开心农场的流行，已是人们不争的事实。让开心网和腾讯网赚足了人气、眼球以及银子。

我玩过开心网的“抢车位”，后来因为总被“贴罚单”而放弃了。后来，我周围的好友全部都在“偷菜”，其中有一个同学，他现在为人夫为人父，白天在研究院上班，晚上回来帮忙照顾小孩，每天和老婆忙得很，可就在这么忙的情况下，他还晚上设闹钟起来“偷菜”呢。“买种子”、“买肥料”，“除虫除草”，然后算准点“收果实”，或者算准点去“偷”别人的。

一时间，仿佛全民都卷入了“偷”的热潮，更有朋友在网上大呼：“我爸妈也加入了‘偷菜’大军！”

为什么大家如此迷恋“偷菜”？从前，我们都被父母教育“小时偷针，大了偷金”，而如今，大家正大光明地开始“偷”了？起早贪黑披星戴月的“偷菜精神”让人钦佩！

首先，“偷”正是被压抑的传统教育下的一种呼吸。

一份专业调查报告显示，“开心农场”玩家多为有上网条件的城市白领，从年龄分布来看，19～28岁的玩家占70%。从“赛车”、“奴隶买卖”，到“养狗”、“种菜”，各种社交游戏先是使众多白领沉迷其中，渐次向其他年龄层次扩展。中老年和中小学生均加入其中。

平时，我们都被教育要当一个乖孩子，要做规规矩矩的人。这种教育让我们觉得生活很沉重，我们寻求一种突破口。

正如我的一位朋友说：“晚上‘偷’了朋友的‘玫瑰’后，那一刻我可真开心，实在是太爽了，我做梦都睡得特别香。”同事中间流行的一句话是：“我们‘偷’的不是菜，是轻松。”现在，公司同事疯玩“朋友买卖”游戏，你派我去“打工”，我就派你“挑粪”，你派我“扫大街”，我就派你“裸奔”……将好友作为“奴隶买卖”，或被好友当作“奴隶使唤”，都在争享“虐友”的乐趣。

其次，每个人都有叛逆心理，犯罪心理。

其实，我们每个人都有叛逆心理和犯罪心理。当然我们是理性的人，是有自控能力的人，是明白道德法则的人。但人也有劣根性，就是越不让干的事情，越有好奇心。

资深公共关系顾问林景新一语中的的说："老老实实地种菜等待收获并不吸引人，最吸引人的是一个'偷'字，如果说菜园能满足'城市农夫'的心态，那么，'偷窃'，则满足了人性中的犯罪心理，尤其这种'偷窃'，只是为了过把瘾而不用负责任。"他更指出，由于菜地里是实名制，人们几乎把现实生活的关系化带入了网络，这就是SNS网络与传统网络差别最大的地方。

第三，我们太无聊，太没追求了。

有人说"偷菜"是"集体无聊"。"偷菜"游戏正在催生和鼓励一种"集体无聊化"的社会情绪。这话说得很有道理。我们生活无聊，精神空虚。或者说，我们对精神生活更加挑剔了，然后能刺激我们乐的事物也就越来越少了。

于是，"偷"的过程，心惊胆颤，让我们享受乐趣，寻求刺激。

从"偷菜"到"偷猪"，不变的是被偷的对象，依然是真实的朋友。

正如朋友所说，是"喜欢看大家，被'盗'时的那跺脚发狂的样子，也喜欢种了东西供大家'偷'的那种满足感。"

那么，"偷菜"与"偷情"之间，是不是有一些特殊的联系呢？都是偷，只是偷的东西不一样。

一想到此，我立即上网搜索，发现已经有人在总结"偷菜"与"偷情"的关系了："'偷菜'是游戏，'偷情'也是在玩游戏。'偷菜'是在游戏里'偷'，'偷情'是在现实中'偷'。'偷菜'是无聊寂寞的人玩的游戏，'偷情'是寂寞找新鲜的人玩的游戏。'偷菜'是越偷越上瘾，'偷情’是越偷越想‘偷’。”

格羽幸福新知：

但需要补充的是，偷菜是理直气壮地偷，偷情是偷偷摸摸地偷。形式还是不一样的。

或者说，男人女人，知道现实中的偷情代价是巨大的，但是偷的诱惑也是巨大的，也就借着偷菜来满足偷情的刺激了，或者说偷菜就是偷情的一种意淫，偷菜就是偷情的一种变相转移方式。

正如易中天《中国男人和女人》说的那句特经典的话：“妻不如妾，妾不如婢，婢不如妓，妓不如偷，偷不如偷不着。”

于是乎，偷菜多了，偷情就少了。

从这个意义上，偷菜还是促进社会和谐的呢！

微博：随手拯救大龄青年

一个聪明的女人，绝对是善于利用各种资源为自己服务的女人，比如微博。

微博是Twitter的化身。2009年6月《时代》文章称，Twitter已逐渐受到美国各阶层的欢迎，该服务正改变着美国公众的生活方式。Twitter由埃文·威廉斯(Evan Williams)等人联合创建。威廉斯1999年创建了Blogger内容发布平台，后来该平台被谷歌收购。在出售Blogger后，威廉斯曾创建了一家名为Odeo的创业公司，但没有取得市场成功。随后威廉斯手下员工杰克·多尔塞(JackDorsey)提出了创建微型博客的创意，这就是Twitter的来历。

Twitter上所发布的各类“稀奇古怪”、“家长里短”的信息，已吸引了美国各阶层公众的大力参与。正是通过了解这些重要或不重要的信息，用户提高了与他人的交流程度，并在某种程度上感受到了“社交温暖”。

从这个角度上讲，Twitter并不仅仅是一家微型博客网站，它已逐渐演变成一种美国文化现象。用户在Twitter发布自己早餐吃什么的信息，在商务人士看来是过于无聊，但却能让跟随者感到一丝暖意。假设某位Twitter用户跟随了20名及以上其他用户，则自己页面上会出现多项信息更新选项，如早餐吃什么、有趣新闻链接、音乐推荐等等。这些“杂七杂八”的信息，既体现了一些年轻用户的“追星”理念，也表达了成年公众希望加强同普通人交流沟通的诉求。

在中国，微博越来越火了。我自己就是一个微博控。其实，微博可以做很多事情。比如，微博征婚。

输入“微博征婚”，出现了无数征婚帖，甚至还有“北京围脖征婚俱乐部”出来。

例如，一个叫做HAPPY媒婆严的网友就发了征婚征友微博：Maggie 麦琪，女，25岁（摩羯座），上海人在上海，广告行业。喜欢的活动：各种展、各种书、各种剧、各种美食、各种八卦。兼容深刻的精神交流及单纯的无聊发呆，与闺蜜下午茶是最惬意的一项。追求：舒适自然的生活，外表淡定内在强悍的人生！热衷：腔调成熟男！（附上照片）……

相比网站征婚，微博征婚更有效率更能互动。

微博让男女直接对面，提高了效率。微爱情里，微博只是一个载体，没有第三方，没有中间人，少了繁文缛节，大家开门见山，大家信息公开。微博爱情，比相亲网站和朋友介绍，更直接，更能提高效率。

微博征婚更具方便性。因与手机等终端结合，微博变成了一个移动的信息发布平台，也就是说，可以随意发布自己的征婚信息，而别人也会无时无刻地收到信息。

微博的互动性，能形成真正的“广撒网”。强大的转帖分享功能，这是最有杀伤力的，小小一个征婚帖，就会有上千个转发，那就会造成几十万人查阅，那么征婚的这种海量散发信息，就会变得很强大，自然，微博征婚的效果就会比其他方式更强大。

那么，大量直白的征婚征友博，还有矜持的征婚征友博，大量的互动成就实质的朋友或者恋人，这将会形成什么局面呢?

第一，寂寞伊甸园，暧昧正当时。

凌晨一点后，还在微博晃荡的男男女女，定是一些寻求伴侣和机会的孤男寡女。这时的微博，有直白求爱的，有四处勾搭的，还有自恋发骚的。于是，可以说，微博成为了这些孤单男女的伊甸园，甚至是最后一根稻草。她们需要倾诉，需要鼓励，需要暧昧，打发自己孤单的心情。

但因为强大的信息，和无数的选择机会，会导致大家都不敢或者不愿意定下来，总是会瞅着“下一个”，因为“下一个”太多。于是，便会有无数的“暧昧”。

第二，微博会成全无数爱情和婚姻。

微博暧昧很普遍，但那些执着追求恋爱婚姻的人，那些很默契很有诚意的人，会通过微博，找到自己的人生伴侣，这样的数目会越来越大。

可以说，微博将成为剩男剩女的最后一根稻草，而且，无数剩男剩女会在微博上终结自己的单身生涯。

第三，婚恋将再受挑战，围脖私信成就私情。

正因为微博如此强大的功能，它的互动性方便性，也会给大量的已婚人士或者有伴侣的人，提供更多的可能，也就是说，诱惑无处不在。这些诱惑，会不断地挑战她们现在的恋爱和婚姻。

从简单的微博对话，到私信对话，再到电话聊天，最后可能就是见面、上床……这时候的私信就会演变成私情。

对于女人来说，微博，能找到你的梦中情人，真命天子，你相信吗？不用怀疑，这是真实的。

有时候，你和他的距离，就是你在微博这头，他在微博那头，你们俩隔着微博这道浅浅的海峡。

我特喜欢“淘”这个词，就是要从中筛选、剔除，然后找到自己中意的那款。

微博上淘爱，就和淘宝上淘衣服一样。是一件集体力、智力、耐力的综合行为。

微博的流行，就好像短信的流行一般，他让诗人找到了自信，让诗歌找到了舞台。特别是情诗。微博上，情诗满天飞。这就是微博传情的魅力。确切地说，是微博展现了文字的美，以及图片的美，特别能抓住男女的那份小心思。你看看，汪小菲和大S的微博传情，多么生动啊，而且还有千万好友的围观和见证，多么有意思啊！

格羽幸福新知：

对于微博淘爱的朋友，我有几条建议：

首先，女人要有火眼金睛，这就是“淘”的功力。

微博是最新的交流平台，微博里蕴含了无数的机会，微博就像大海，你需要在大海里捞针。不同的是，你可能和这颗针“零距离”了。这个时候，就需要女人的“火眼金睛”，这个男人适合不适合你，你通过他的文字就能知道一二，特别是一些细节，而且，还要善于识破男人的伪装。

第二，微博爱情要落地。微博只是开胃菜，微博只是催化剂，真正要恋爱结婚，还是要柴米油盐。微博的谈情说爱，只是一种调情。

不管是什么爱情，还是要落地的，适合与否，还是要真正相处在一起才知道。

第三，谨防微博暧昧和微博私情。这是一个双刃剑。你能通过微博找到你想要的男人，那别人就能通过微薄抢你想要的男人。颇有“微博面前，人人平等”的意思。所以，微博爱情的流行，也让女人更没有安全感了。

第四，已婚男女，慎用微博。

已婚男女，也许上了微博，无数俊男美女都能零距离接触。这时候就有“上了微博，就知道结婚太早”的感叹了。所以，对于已婚男女，为了家庭的稳定，还是慎用微博，否则除了后悔就是纠结，稍不留神就筑成大错，最后落得个鸡飞蛋打，那就不划算了。

第五，要注意隐私，要有自我保护意识。

那些关注你的人，可能别有动机。飞象网CEO项立刚在微博上写道：今天才发现微博这个平台已经不是一般强大了，提醒关注我的朋友们，如果有人主动加你，告诉你他是名作家，著名媒体人，诗人，认识很多名人，自己有多大影响，经常跟你的发言，你一定要注意了，现在这里和社会一样复杂，欺骗也更容易，最好别约了私下见面，当然真要见面，上个床就算了，钱袋子一定要捂好。

微博淘爱，机遇与挑战并存啊！

第四章

网络下的婚姻保卫战

❤其实，在男人面前，女人都是天生侦探。女人不到万不得已，不用去翻看男人的手机，也不用去秘密登陆老公的QQ，过度的好奇即使不在这儿出事，早晚也得出事。

记住，大道无形。男人天生就是崇尚自由的动物，如果你天天看着他，他的叛逆心就越强。所以，就算你要跟踪，也要做到神不知鬼不觉，如果做不到，那就不如什么都不做。

其实主妇不容易

《绝望的主妇》（Desperate House Wives）一度成为收视冠军。美国的前第一夫人劳拉也成了它的“粉丝”，她打趣地说：“我就是一个绝望的家庭主妇。”剧中4位女主角分别代表着四种截然不同的主妇形象：单身主妇苏珊、完美主妇碧儿、强人主妇莲纳、漂亮主妇嘉比，四个漂亮多金，无须为工作发愁的女性，她们的生活看上去完美无缺，但其实她们都在用“幸福”粉饰自己早已破烂不堪的生活。用自己的生活现实打破了“王子公主”的婚姻神话。

而调查更显示，结婚会让男人的预期寿命延长，但对女性却不会造成任何收益；同时，已婚女性对生活的评价往往低于未婚女性。那么各国的家庭主妇现状是怎样的呢？

在美国，20世纪40年代出现了家庭主妇，到50年代，大约有1400万个女孩在17岁就订了婚。可是5年后，美国的心理学家发现，“全职太太忧郁症”席卷了整个美国，毫无疑问是舒适的生活让她们生病了。这次席卷美国的是一股风起云涌的女人走出家庭、实现自我的狂潮。到了20世纪80年代后，大部分的女人还是选择了工作。

日本的全职太太是20世纪60年代出现的。当时男女同工不同酬，女性得不到晋升的机会；再加上孩子希望放学时妈妈总在家，所以，“全职太太”就出现了。从前的日本女性是完全不工作的，工作甚至会成为一件让人觉得耻辱的事情，当然现在已有很多女性从家庭走向了社会。在日本，即使是做全职太太也不会让人觉得寂寞。日本的女性社团活动非常多。一些女性社团和活动的组织者会像推销员一样主动登门劝人去参加，而日本的男人也很愿意他们的太太用他们的钱去做社团的事，这会使他们在自己居住的社区里很有面子。

在德国，结婚生子后，一般德国女人便当起了全职主妇，之前上班的女性，公司依法为她们留职，并给予相当长的育子假，假期结束，妈妈们既可以选择重返岗位，逐渐由半天班递增到全职，也可以届时再决定辞工。在德国，家务劳动也可以获得一份稳定的薪水。家务劳动被纳为社会工作的一部分。全职太太从事家务劳动不必担心被人瞧不起和被欺负。

那么中国呢?几千年来的男耕女织结构，随着一波波的妇女解放改变了。女人开始走出家门，获得与男性平等的社会地位，实现了经济独立成为了职业女性，当然大部分职业女性工作的同时还是得料理家务。家庭主妇成为了有钱人家的特权，或者是生育小孩后照顾家庭和小孩的无奈之举。

一份报告显示，在广州，全职家庭主妇成为新的自杀高危人群。据广州心理援助热线统计，来电咨询的家庭主妇当中，有自杀倾向的人员比例高达9.7%，相比平均水平足足高出3.4%。而在来电咨询问题中，恋爱婚姻问题也以25%的“优势”高居榜首。

广州市心理危机研究与干预中心咨询师王铃指出：全职

家庭主妇的大部分时间都是在家里度过，没有与社会沟通，因此很容易产生抑郁等症状，情况严重者就可能走上自杀之路。如果全职家庭主妇受到困扰，他们一般会建议妈妈们在小孩2岁后走出家门，重新投入到社会工作中去，多和社会沟通，她们的心态自然也会好很多，自杀人数也会有所降低。

《败犬的远吠》引起关注后，众多的“胜犬”却说，结婚后，自己完全没有胜利的感觉，整天奔波于家庭、工作与孩子间，不但几头不讨好，而且自己还失去了活力和美貌，像一朵枯萎的鲜花，她们自嘲地称自己为“枯萎犬”！“枯萎犬”引起大规模的讨论，正说明“枯萎犬”已经成为一个社会问题。

目前，内地也有不少已婚的职业女性开始陷入了思考：为什么自己会在家庭与工作这个巨大的迷宫里困扰着？整天奔波在两者之间，筋疲力尽却两头不讨好，最后变成了传说中的“枯萎犬”呢？而要从“枯萎”中突破，女人又该采取怎样的心态和姿态？

那么，婚姻到底是如何从“王子公主”的神话演变成了一场黄脸婆的悲剧？是什么造成了主妇们的绝望，或者说主妇们因何而绝望呢？

首先，持家不容易，却被认为没技术含量。辛苦了一天的主妇们，却得不到掌声和鼓励，渐渐就丧失了自信。吵架的时候男人还会说“你天天都在家闲着……”

家庭主妇的劳动价值到底有多大？英国一项最新研究说，一名全职家庭主妇一年的辛勤劳作，折合成工资相当于

3 万英镑(一磅约合10.50元人民币)。2010年，张晓梅委员提出丈夫应该给家庭主妇发工资，招来无数男人的骂声。由此，可见中国男人对家庭主妇的付出仍然熟视无睹。

没有什么比家务劳动更单调、枯燥的了。灰尘永远擦不完，衣服洗干净了又变脏，还有每天重复的一日三餐，很少有人能从这些工作中获得乐趣。大多数选择做全职太太的职业女性，其实并没有太多心理准备，她们更多的是把做全职太太当成放长假。可是当她们每天只能往返于菜市场和家的两点一线，谈论的话题只有老公、儿子和商品打折信息的时候，她们就会从心底里产生一种疏离社会的失落感。

其次，无成就感。作为男人背后的女人，所有的光环都会集中在男人身上，而主妇们的功劳却不被提起。

中国婚姻家庭研究会研究员潘允康认为，目前我国的全职太太大多还是出于被动的选择。其中最主要的原因就是为抚育年幼子女而放弃工作，这一点在世界各地都是如此；其次，丈夫处在事业爬坡的关键阶段，需要女性回家操持家务、稳定后方，这是做全职太太的第二个重要理由；女性因为暂时失业而回家，同时丈夫的经济能力尚可养家时，女性因不急于找工作而留在家中。主妇们天天做饭带小孩，日复一日的枯燥，自己都觉得没有成就感。

由于家庭主妇没有工作，靠老公给零花钱，经济上依赖老公，那么在说话做事上面就缺乏一些底气。

再次，极度没有安全感。由于主妇们在家与外界接触少，极容易跟不上社会节奏。而男人在有个主妇的支持后，人到中年事业有起色，这时候主妇们更担心自己的果实被小三儿抢走。如今社会的一些不健康的婚姻状态也让主妇们心生绝望。女人为家庭、丈夫、孩子奉献了青春与美丽，待到孩子大了，自己老了的时候，丈夫又有了更年轻的女人，而自己已经青春不再，已经难以适应日新月异的职场江湖，面对如此悲剧，哪个女人不绝望呢？

最后，寂寞。男人在外应酬，不管是真应酬还是假应酬，女人都会很寂寞。尤其是主妇们做完家务哄完小孩睡觉后，老公仍然加班没回家，这时候孤枕难眠的主妇，滋味就不好受了。

此外，两个人生活在一起久了，主妇与丈夫的共同话题越来越少，彼此的精神世界越来越遥远，没有时间沟通，没办法沟通，都会让主妇格外寂寞。

有一些主妇们的形象是这样的：年龄30岁以上，孩子在上学，丈夫在工作，一切以家庭为中心，没有业余的爱好与自己的生活。丈夫永远让她们愤怒、失望与伤心，孩子永远让她们劳神、唠叨与不满意，家务永远做不完，婆婆永远让她们不顺心，别人的日子永远比自己家的强。抱怨比喜悦多，皱纹比微笑多，悲哀比快乐多。

这样的主妇生活，真是好比地狱一般。

格羽幸福新知：

从前，杂志和媒体会经常报道职业妇女如何不容易，现在看来，家庭主妇才是风险最大的职业。运气好碰到一个好男人，才会得到“军功章有你的一半”的肯定，而大多数主妇们则都是落得竹篮打水一场空的凄惨局面。

当然，这都还不算最绝望的，对于主妇来说，最绝望的是2011年8月底颁布的新《婚姻法》：就是婚前买房，房子写一方名字的，房子就属于其个人财产，而婚后夫妻一起买房的，才算夫妻共同财产。

这就意味着，新《婚姻法》其实已经无法保证女人的权益了，尤其是家庭主妇的权益了。大家只看到男人们赚的钱，可是谁来给主妇们做的事情估价，生孩子多少钱？做家务多少钱？教育孩子多少钱？没人来计算。

那在这种情况下，就全看这个男人的良心了。这对家庭主妇来说，绝对是一个噩耗。因为一旦老公被小三儿蛊惑，多半是没良心的了。

张爱玲在面对胡兰成的花心时绝望地说："倘使我不得不离开你，不会去寻短见，也不会爱别人，我将只是自我萎谢了。"

那么，有多少家庭主妇寂寥地枯萎了呢？虽然是胜犬，但很快沦落为枯萎犬？如何逃离绝望的状态和枯萎的结局呢？如何做一个新时代的新主妇呢？这的确值得思考。

低出轨成本如何留住你的男人

“如果哪天我也遭遇婚变，我该怎么办？去年，我辞去工作，全心全意在家干家务、带孩子。虽然家庭条件还可以，丈夫也不是花心的男人，可我总觉得不踏实。这个社会可变性太大了，每当看到周围有朋友离婚，或听人说起婚变，我就不由得担忧：如果哪天我也遭遇婚变，我该怎么办？到那时我什么都做不了了。”

一个名为“健身教练”的女人，在QQ群里诉苦，她去年辞去工作成为全职主妇，然而，丈夫对她很好但始终没法消除她的危机感。这位全职主妇的苦闷，在QQ群里引起不少人的共鸣。

这对于一个女人来说，是非常被动的局面。所有的家庭主妇，最令他们没有安全感的，就是怕被老公抛弃，怕老公被小三儿抢走，自己辛苦经营的家庭坍塌瓦解，这时候自己的青春已近耗尽，还拖着需要照顾和教育的孩子，这就是生活的残酷，运气好的女人可能会分得一点财产，而更惨的恐怕是人财皆失，人老珠黄。

家庭主妇和老公的感情出现了问题，不要总怪老公，应该寻找自己的原因。

首先，婚姻内讧，不是对老公太懈怠就是太紧张。

结婚后的爱情得到了法律保障，有了法律保障，双方不再那么拘谨和精心，有人把婚前关系比作玻璃杯，需要精心保护，不然易碎；而婚后关系比作不锈钢杯，在这种心理状态下，容易不拘小节，不够体贴。婚前婚后的情感对比很明显。并且，婚后双方的真实感增强，本来面目充分显露，性生活也令双方间的神秘感消除。每天呆板的程式化生活麻痹、冷却了爱情。很多家庭主妇会理所当然地认为，反正婚也结了，孩子也生了，渐渐地对感情懈怠了，对老公也懈怠了。不再像从前为了见面而精心打扮，变得蓬头垢面、不修边幅。于是，两人的情感距离就很远了。

除了对老公太懈怠，还有一种极端是对老公太紧张。只要老公一出门，就心神不安，只要老公有电话打来，毛孔就竖起来。对老公的所有异性朋友、异性同事，都统统视为潜在情敌，让老公没办法工作。一旦有什么情况就大吵大闹，鸡犬不宁。最后，老公忍无可忍，真的外遇了。这种情况，是典型的把老公给推出去。

其次，无处不在的诱惑。

我认识一个从美国回来的主妇，离婚后独自带着两个孩子，她人生最重要的课题就是教育孩子。曾经，她是清华毕业的高材生，后来和老公一起去美国留学，然后和老公一起创立公司，后来她怀孕后就开始做家庭主妇。可是两年后，她发现了手机里的暧昧短信，才知道老公和公司的秘书有染。最后两人离婚，她带着两个孩子和离婚财产回国。

诱惑是无处不在的。尤其是在主妇安定大后方后，老公的事业蒸蒸日上，成熟男人的魅力引得无数女人往前扑。应酬中、派对上、办公室里，MSN、QQ、开心网、手机等，无处不存在诱惑。

通常，这些中年男人无外乎两种出轨。一种是肉体出轨，这种出轨可能是去风月场所寻求刺激，要么是一夜情。完事儿后，还是会乖乖回家，继续履行一个丈夫和父亲的责任。一切好像没有发生过，只要主妇们不知道。

当然，另一种出轨就比较严重了，那就是身心都出轨了。也就是说老公爱上了别的女人，甚至在外面有了另外一个家，那么很有可能，这个男人都渐渐不回家了，甚至连表面的婚姻都不愿维持了。这对家庭主妇来说，无疑是一场噩梦。

再次，网络出轨成本低。

网络上无处不在的诱惑，会让男人心痒痒。男人还会掂量，如果出轨的成本变得很低，甚至零成本的话，那么这就会让男人控制不住了。

《长尾理论》里提到，进入长尾市场后，没有货架成本，只有很低的搜索成本和过滤成本，甚至边际成本为零。这个例子，是针对图书和音乐等产品的。

但我们同样可以看作为外遇对象，网络上无数的外遇对象，男人可以随时搜索到，而且相对容易地追到手，这种容易体现在比较少的时间成本和经济成本。

其实，这个世界没有绝对忠心的男人。永远不要说“他绝对不会背叛我、抛弃我”的话。全职太太最容易把心全部放在搞家庭建设上，从而忽略了自己的经济来源。就如我那个朋友，每月的支出全部指着老公给的那点生活费，而不去真正了解老公的真实收入，以至于到了最后落得人财两空，我想到那时再后悔已经晚矣！试想一下，一个女人到了中年事业、婚姻两茫茫，那岂不是很失败？

格羽幸福新知：

所以，对家庭主妇来说，既然选择了做全职太太，就应该了解老公的实际收入和家庭的具体资产，切实深入到家庭资产中，最好掌握经济大权，否则亡羊补牢，后悔莫及！

家庭主妇们应该学学红太郎，吆喝灰太狼去努力抓羊，不积极还要拿平底锅伺候。主妇们让男人努力挣钱，自己掌管钱袋子，然后笑眯眯地夸："老公，你真能干！"

总之，做全职太太既安逸又冒险。随着生活水平的渐渐提高，依旧有许多的女人选择了回归家庭，把婚姻当成了一切。这里，并不是说做全职太太不好，做全职太太既可以有足够的时间来照顾老公和孩子，又可以得到安逸的生活。可是，居安思危是个永恒的道理，一个人如果把自己的全部都放在婚姻上，风险就太大了！

有人说，全职主妇是丈夫的情感支持者、心理咨询师、事业成功的保障者，是全家人的会计师、营养师、培训师。这时候，男人就已经离不开这个女人了，谁会抛弃一个"旺夫"的女人？

寂寞主妇的感情空白

这是一个寂寞主妇的感情自白。

我寂寞，真的，这是人之常情。雨明也曾要我有空就出去走走，我开玩笑，说你不怕我出去后不回家吗?他在那边笑我，说我知道回家的路。我说我要你牵着我的手才能回家。雨明说，好的，我是你的左手，你用左手牵右手回家吧。我感觉雨明像个诗人，学理工科的人居然能说这样的话，也许这就是他深深吸引我的地方吧。

有一天，雨明在加班，我一个人在电脑前发呆。我的泪在那一刻不由自主地流了下来。压抑的哭声中，有人发信息来要跟我聊天，问我寂寞吗?我回复说很寂寞。然后对方说他也很寂寞，说老婆留学去了。

那天晚上我和这个男人聊天，直到凌晨。后来下线的时候才知道他叫杜诚。第二天晚上，我们又相遇了，聊着聊着，我们就聊到了性。他发来了一张他的照片，我看了，还很顺眼，30多岁的成熟男人，然后他要我开视频，不知怎么的，我们都看了视频，但我没有给他看我的脸，我害怕虚假的网络。他说我很性感，但能感觉到我脸上的忧郁。我笑，苦涩地笑。他请我出去吃宵夜，我拒绝了。他说我们视频温柔吧，我骂他神经病，但当他把视频对准他的身体时，我居然没有把视频关掉。他说了很多情话，我渐渐感觉到了一种叫做欲望的东西在身体里张牙舞爪……

人真是一种很矛盾的动物，特别是在深夜，来自性的欲望常常躁动着我原本年轻的身体。也就在这种煎熬中，我突然想到了那个曾经有过一夜虚拟激情的对象，那个叫杜诚的男人。我上了以前的那个QQ号，看见了杜诚以及他发过来的信息。

我犹豫中还是给他回了话。见我来了，他点开了视频，顿时他结实的身体出现在我的眼前，与此同时，他还发来了一堆“甜言蜜语”。在阅读的过程中，想像着他的身体和我的身体的缠绵，我情不自禁发了一条信息给他：我想你。

杜诚十分激动，说要过来爱我。犹豫了很久，我告诉了他我的大概位置，他说半个小时后在电信大楼门口见。

半个小时过去了，我没有下楼，一个小时过去了，我也没有下楼。我想如果一个半小时过去了，那个叫杜诚的男人还在那里等我，我就放纵这一次。很快，半个小时又过去了，我真的拿起了东西下楼去，招了一部的士经过电信大楼门口时，果然看见了自称是穿白色衬衣戴眼镜的杜诚……

和杜诚有了第一次，就有了第二次、第三次，每次见面后我都很后悔，但不见面了，却又开始想念。我知道那不是爱，而是想念他的身体，一个暂时比较适合我的安全的身体。我们彼此都不知道电话号码，他不知道我的真实姓名、家庭住址和工作单位，我们之间的联系只有网络。

我们之间的这种关系持续了将近半年，雨明在这段时间里一天比一天忙，否则他是应该可以察觉到什么的，但他还是有空就给我打电话，有空就陪我上网，不过有了和杜诚的纵情后，我不再强迫雨明抽空回来，我还爱着他，但青春的欲望战胜了我的理智，我在骨子里痛恨自己，可我做不到在无聊而寂寞的日子里镇静地打发时光……

《绝望的主妇》里，最年轻的Gabrielle Solis拥有令人艳羡的一切——曾是模特的她年轻美貌，嫁给富有的丈夫，拥有一幢豪华的房子，但是这些无法填补Gabrielle心灵的空虚，于是她和年仅17岁的俊美园丁偷情。

这是一个主妇的感情现状的写照。年龄在长，可女人的爱情梦却从来没有磨灭，只是淹没在繁琐的家务中了。你可从那些拥有大批粉丝的韩剧和港剧里见到帅哥，被称为少妇杀手，他们之所以走红，就是因为有这么一大群寂寞的少妇在追捧，因为帅哥们是主妇们的爱情梦幻。

心理学上说，其实我们在经历情感转移。小时候女儿会迷恋父亲，儿子会迷恋母亲，长大后，这种情感转移到了别的对象身上。前提是这个人可能跟自己父母有某些相似之处。结婚后，当男人渐渐地忙于事业时，当“玫瑰”变成了“大白菜”时，那些曾经的心动已经变成遥远的曾经了。

张学友在《她来听我的演唱会》里唱到：“身边的男人早已入睡……”这时候，这个女人有的该是一种无奈的冰凉吧。

男人忙于工作，忙于应酬，的确忽略了家庭。于是，主妇一个人在空荡荡的屋子里，吃饭睡觉，穿着睡衣在客厅里等一个不回家的人，除了寂寞还是寂寞。

结婚久了，大多数的感情没有了浪漫和激情，恋爱的那种冲动和忐忑没有了，对方哪里有一颗痣哪里有一个疤都一清二楚。可是，女人一辈子都需要恋爱的，虽然结婚后很多都是恋爱的幻觉。夜深人静的时候，渴望恋爱的心思就会跳出来，尤其是看到别的情侣，寂寞之情更会油然而生。

俗话说，女人三十如狼四十如虎。成熟女人的生理需求会比从前更强烈。而中国大多数夫妻的性生活，都是一种履行义务的事情。毫无激情和浪漫可言，更别谈什么高潮。

最糟糕的是，男人如果有了新欢，或者在外寻花问柳，精力在外面已经耗尽了，回来已经没有战斗力。家里的主妇身心都得不到满足，则会更痛苦。

于是，在这种情况下，寂寞的主妇们就很容易出轨，很容易上当受骗，这种出轨不仅仅是肉体出轨，而且很快是身心出轨，因为女人的心会跟着走的。而QQ和社区论坛，便是其出轨的乐园。

詹春云表示，作为深圳市规模最大的婚姻问题咨询机构的医生，他每天都面对、分析许多对深圳夫妇的婚姻问题。“来到这里求助的婚姻问题，有80%是因为出现了婚外恋。”医生担忧的说，“也许深圳是有婚外恋气氛的城市。”

这些寂寞的主妇，感情非常脆弱，这时候，只要另一个男人略表倾慕，稍微有一点浪漫，就会让这些主妇们春心荡漾，经常会一厢情愿地认为这就是“爱情”。

格羽幸福新知：

女人的出轨跟男人的出轨不一样，女人一旦出轨了很有可能连家都不顾了。

当然，因此上当受骗的主妇不计其数，最后不仅丢掉了婚姻、名声，还有自己的信心。

寂寞主妇的出轨，是一个万丈深渊，这比男人的出轨还可怕。女人因为各种原因，通常还是会对丈夫的出轨释怀的，至少是会接受的。可是天下没有几个男人会容忍自己老婆的出轨。这个社会，通常能容忍一个出轨的男人，可很难容忍一个出轨的女人。

所以，寂寞主妇的出轨，是没有退路的，而同样也是没有前途的，因为出轨的对象，通常也给不了其未来。怎一个“惨”字了得？

跟上时代节奏的家庭主妇

《为什么男人爱撒谎女人爱哭》中，皮斯夫妇非常幽默地说："女人在找到丈夫之前，一直担心自己的未来；而男人是等娶了老婆之后，才开始担心自己的未来。"这话很幽默，如果这个老婆是家庭主妇的话，那么未来的状况更不容乐观。

长期远离职场，对于职场信息匮乏，职场人脉的疏远，会使你的就业竞争力大大减弱。有些全职主妇在家呆的时间长了，会感到苦闷、烦恼，这些是丧失自我的信号，也是危机出现的征兆。

全职主妇警惕跟不上"趟"。如果一个女性的"全阶段"都在家做主妇，那么就要警惕两点：第一，不要跟不上"趟"。所谓"趟"实际是多义的，包括整个社会，自己的丈夫，外来的咨询，一旦落"趟"，生活就会索然无味；第二，不要失去自我，丧失独立个性的女人不会可爱。

有句话说，幸福是两个人到老都还能聊天，那时候你知道有共同话题有多难得。如果男人加班是为了逃避家里冷冰冰的气息的话，那就太可悲了。

理解一个男人比爱一个男人更重要。正应了那句话："男人不需要爱，只需要理解；女人不需要理解，只需要爱。"理解是对男人的尊重，理解是另外一种意义上的爱。

而太多的爱对于男人来说会成为一种负担，这种负担会让男人后退和逃跑。聪明的女人是不会做这种吃力不讨好的事情的。这才是真正意义上的理解万岁！

曾跟心理师安澜聊天。她说："沟通是全方位的，有时候我们不说话时也在沟通，那是潜意识在沟通。很多金童玉女很般配就是走不到一起，而很多看着不相配的恋人却如胶似漆，为什么？那是因为潜意识在交流。"夫妻沟通无所不在，一个眼神，一丝表情，一点小动作，一种语调，这里有解读、有领悟、有默契，所有这一切都需要摸索和学习。

两性的沟通本身就是一个大难题，特别是在主妇和丈夫之间。家庭主妇最怕什么？丈夫把她当成了煮饭洗衣的保姆了，多惨啊！主妇的最理想的角色，应当是丈夫的情感支持者，也就是他的心理咨询师，能协助他解决问题。

如果主妇与社会脱节，不了解最新科技和趋势，渐渐沦为"山顶洞人"，又如何能跟天天在外打拼的丈夫有共同话题呢？如何能理解老公的工作，老公的烦恼，老公的情绪，以及老公的心思呢？本来两人相处时间就很少，如果饭桌上除了"菜咸不咸？大米又涨价了"这样的话，那这段婚姻肯定是要出问题的，除非主妇自欺欺人。

特别是在日新月异的今天，各种新科技层出不穷。主妇一年不学习不了解外面的世界，很可能就听不太懂丈夫所说的话了。这时候，只有两个字——学习。除了学习还是学习！主妇一定要给自己时间，多给自己充电，多爱自己一点，保持自信与美丽、保持正常的社会交往、保持了解社会信息的渠道畅通，才能保住和丈夫沟通的资本。

第一，浅层次的学习，就是获取信息。每天不管是从电视、手机报还是互联网上，了解新闻信息。阅读手机报只要5分钟，查看各大网站头条信息只需要一刻钟，于是天下大事尽在掌握。

主妇获取同步信息后，就会让夫妻之间的沟通更顺畅，不会再像从前那样好像生活在两个朝代一样，想要交流还必须要穿越。

第二，看书增加内涵。觉得时间紧没时间逛书店？没事儿，上网上书城订购就是，隔天就送货上门了。或者还可以从网上下载到手机里，随时随地都能在手机上看书。或者直接在原创网站上看自己喜欢的书，甚至买电子书，瞬间就拥有了一个移动图书馆了。

这时候看的书，就是增加你的内涵和深度的书，最好挑一些与自己的生活息息相关，或者还可能帮助老公的工作的书。到时候再在饭桌上不小心的露几手，准保让他对你刮目相看。心想，自己家的女人可真不简单！届时，他工作上或者情绪上的问题，自然就会向你吐露了。

第三，主妇的学习还可以是很生动的学习，就是跟周围的人学习。保持和扩大自己的社交圈子，不管是同学还是从前的同事，或者是其他主妇，多沟通交流，取长补短，都会有收获的。如果不在一个城市，那就电话或者短信问候，甚至上开心网、人人网或者MSN、QQ，都是联络感情的好工具。

Angle就是从白领变成家庭主妇的。她不断地学习新知、总结经验、再作探索。“在家里一个人学，学带孩子、学营养搭配；在聚会中向朋友学，学为人处世、待人接物，应对各类人生难题。”Angle有许多朋友，有的还在职场打拼，有些则和她一样专心相夫教子，和她们聊天，被她看作“接触社会不可或缺的一部分”。

Angle 就是一个很智慧的主妇。主妇们跟上时代步伐时，自然自信心就大大提高了，自然就有事情做了，不会再像从前那样天天围着老公转，也不会天天猜忌老公了。这对老公来说，绝对是一个好消息。

格羽幸福新知：

最新一个研究数据表示：娶了“家政女王”做老婆的男人，身体和精神会更健康，可以多活5岁以上！前提是她是一个能跟上时代脚步，认真学习的主妇。

日本的全职主妇们，之所以受到热捧，究其原因，无非是她们真正拿出心态和行动，去跟全世界说Yes，接纳新的观点和可能的生活方式，让在职场拼杀的老公倍感回家的温暖轻松。其实，你也可以的！

认真的女人最美丽！安全感从来都是来自内心。

时尚少妇，和黄脸婆说拜拜

写作累了时，我会看台湾的综艺节目，有个叫傅天颖的艺人，看到她生完两个孩子后的火辣照片，你一定会认同，她就是一个辣妈。那时候我就想，如果有一天，我结婚了，也一定要做一个辣妈，做一个回头率高的时尚妈妈。后来，很多妈妈级的明星魅力都不减当年。比如小S和钟丽缇，就是很好的榜样!

做主妇最怕像以下这样的懒主妇。

主妇Elen很苦闷，回归家庭，才发觉自己是一个挺懒惰的主妇，一个星期才擦一次地板，4、5天换一次衣服，7、8天浇一次花，碗是天天洗，积在一起，吃过晚饭一道解决。

每天上午，10点过后才起床，早饭中饭一块解决，也就是下点面吃。她说自己是懒得烧，也想不出要烧什么。全天的营养都指望一顿晚饭，通常是丈夫下班路上顺手带的“外卖”。偶尔她也下厨，可“不会炒菜只会炖，不会熬粥只会做鸡蛋汤，不会包包子、饺子、馄饨，只懂得下面条”。只有一样拿手菜，凉拌黄瓜，既不用起锅，还不考验刀功——将三个土豆切丝，她要花上一小时，将三根黄瓜切丝，不更耽误工夫?

以前上班，出门前忙化妆、忙穿衣，一丝不苟，现在Elen 连自己都懒得打理。“其实我还是挺漂亮的，大概在家里呆得太久了，胖了许多，脸上的皮肤也不如过去有光泽了。头发啊，让它随便长吧，懒得修剪。”

像Elen这样的主妇我相信有很多，也许她意识到了自己的问题，就怕等她意识到自己问题时已经晚了。

这让我想起了温水煮青蛙的故事，青蛙在冷水和热水中，都会没事儿，只有在温水中才会慢慢死亡。而长期在温室里，就好像温水一样，会让女人失去生命力。

俗话说，女人是听觉动物，男人是视觉动物。女人爱听甜言蜜语，男人爱看漂亮美眉。澳大利亚的女性主义者洁曼·格里说：男人重视外在更胜过内在，因为多数男人的视觉能力远胜过思考能力。没有一个男人会长期爱着一个“朴素得没有色彩的女人”——因为男人都是属“色”的。

《为什么男人爱撒谎女人爱哭》中提到了“美丽法则”：花朵之所以鲜艳多彩，是为了在绿色的森林里引人注意。从生物学上来看，美丽的目的，就是繁衍后代。

当一个女人不再鲜艳美丽，而且衰老和枯萎的过快，无法吸引男人的目光时，那就很危险了。男人说女人浮浅，其实男人也同样肤浅，尤其是在面对异性的时候。

而在家操持家务的主妇们，容易被这些家务折腾得没有心情，心想天天在家打扮给谁看？这就大错特错了。其实，就算没有观众，自己也是观众！

如何做一个新时代的时尚主妇呢？记得把桌子擦得光亮的同时，请也记得给自己抹胭脂，别让男人总看见你系围裙的模样，偶尔也可性感地穿上小礼服。

首先，主妇们要有时尚心态。

时尚心态来源于细节。主妇们要会用一切新鲜时尚元素打扮自己。根据时尚美容网站推荐，选择适合自己的产品，只要喜欢，上网轻轻点击鼠标，想要的东西就送上门来了。

值得一提的是，时尚的女人一定是懂得情调的女人，比如香蕈蜡烛、玫瑰鸳鸯浴等，让老公一回家就好象进入了一个“芳香王国”，忘记了工作的烦心事儿，这就是主妇们的成就了。

主妇们，不要让老公推开门总看见油烟，偶尔看见浪漫烛光，可能是一个大大的惊喜呢！

其次，主妇们一定要懂得美容保养。

美妆大师植村秀说过：肌肤是一个化妆品工厂，它有着各种各样的自我保护功能，但唯一一件肌肤自身不能完成的工作却是肌肤的清洁。只有当灰尘、油脂、死皮细胞被完全清洁之后，肌肤才能恢复自身的活力。

搜狐女人报道，Sammi就是一个保养达人，怀孕和喂母乳期间，她在老公和婆婆的禁止令下杜绝了所有护肤品和化妆品。清水洗脸之外，再无其他护肤步骤。本来没有明显瑕疵的脸因为缺乏呵护变得粗糙黯淡，两颊的毛孔清晰可见，鼻头也经常油光粼粼。于是，她从睡眠、清洁、保养、精华、饮食等全方位出击。Sammi坚信，有了这么全效的保养，这么坚持下去，自己的美丽辣妈形象一定不输给小S。

主妇们毕竟不是小姑娘了，尤其是生完小孩后，妊娠纹以及孕妇斑，还有眼角的细纹，都是不容忽视的。主妇这时候不注意保养，就真的成为黄脸婆了。

如何保养？上网搜索一下网络上的“美容达人”实在太

多了。记住，一边上网一边贴面膜，什么都不落下。奶粉包、尿布包已经成为你的新装备，但也请别忘记你的化妆包。即使不再频频补妆，至少也还要时不时照照镜子，抹点润唇膏，提醒自己“当妈妈了，也要注意个人仪表”。

最后，主妇们要注重着装打扮。

要有星妈的范儿，随时随地关注网站上最新街拍。比如张柏芝，每次抱Lucas出门，哪次不以街头装扮亮相，其实这样既方便自己的行动，又能使自己看上去更年轻一些。汤姆·克鲁斯的老婆凯蒂自从生完孩子之后也穿得越来越街头，谁叫她那么喜欢抱着苏瑞满大街跑呢？维多利亚也是街拍的宠儿，这位三个孩子的辣妈直至今日都在倒腾自己的胸部、身材、脸蛋，最为关键的是也只有她每次带孩子出去逛街还喜欢穿着高跟鞋。

格羽幸福新知：

主妇们除了外出要靓丽，在家更不能忽视了。因为主妇们大部分时间都在家里，而老公早晨出门和晚上回家后，如果总看见老婆穿着一成不变的睡衣和乱蓬蓬的头发，想不厌倦都难。所以，富有设计感的睡衣和性感的内衣，就是主妇们的重要硬件了。

利用网络掌控老公的行踪

新闻报道，一次偶然的机会，镇江女子常云打开了丈夫的电脑，查看丈夫的隐私，惊奇地发现丈夫从日本回来后，居然有和暂住日本的吉林女子裸聊的照片。常云为此恼羞成怒，为了教训这个女子，常云两次将该女子的裸照通过QQ空间对外公开。对方发现自己的裸照被公开之后，立即从日本给镇江警方打来电话报警。常云因为涉嫌侵犯隐私被镇江警方行政拘留7天。

电影《手机》的画面在现实中不停地上演。暧昧电话和短信以及MSN、QQ信息，扑面而来，老公如何招架得住？主妇们怎么会有安宁日子？

不过，新科技下，主妇们越来越不好“糊弄”了，而且开始动用新科技对老公进行追踪，颇有“蹦得再高也逃脱不了如来佛的手心”的气概。

比如欧美流行的“嗅探器”。这种定位工具由美国自由媒体集团下属的有用网络公司研发，与交友网站Facebook（脸谱网）合作推出。网络公司应用传统移动定位技术，为用户提供找寻友人行踪的工具“交友圈友人寻找工具”，又称“嗅探器”，能够通过手机轻松知晓友人行踪的地理定位。

嗅探服务已经在瑞典和丹麦展开，这项技术有望在4月登陆英国。英国拥有超过850万的脸谱网用户，仅伦敦就有

220万。嗅探服务将由4家英国最大电信公司提供，可以覆盖6500万手机用户。

其次，手机定位功能成为太太们的最新武器。日本手机新功能锁定男人行踪。2008年，日本移动通讯公司DOCOMO推出一项最新的手机服务功能——不管你在哪里，只要手机开着，就可以锁定你所在的确切位置。这一项服务功能的推出，对于手机拥有率高达75%的日本社会来说是一个极大的冲击。简而言之，是女人高兴，男人伤心。其实中国的手机也有定位追踪的功能。

男人们瞒着太太找情人，时时会担心“被捕”。但是，对于许多男人来说，简直就是一场恶梦的开始。由于这一手机定位系统的功能十分优异，可以具体精确到哪一条街的哪一栋楼，所以，男人们要上瞒领导下瞒妻子，简直成为一大难题。

手机新功能开通才一天，已经闹出新闻。老公下了班后跑到夜总会去喝酒，发了一条短信给太太：“今天加班，回家要晚。”太太打开手机启动定位功能，发现老公根本不在办公室，而在银座的“花街”。夜半三更回到家，老公便打不开家门。借着酒劲使劲敲门，惊动街坊邻居，结果唤来两辆警车四个警察，四邻八居集体起床看了一场热闹。

这条新闻，给日本男人以沉重的心理打击：以后再也无法撒谎。不过，手机经过设定，可以拒绝对方对自己所在位置的确认。但这一项设定也有一个问题：当对方的确认信号出现后，会提示你选择“接受”还是“拒绝”。一旦是老婆查夜，或女友撒娇，你按一个“拒绝”，等于是告诉对方“此地无银三百两”，接下来的日子绝对是苦头。

玩转四方模式网站就是以地理位置为关键词的网站，是否对主妇掌控老公行踪有帮助呢？

玩转四方CEO谢晓说："理论上当然是可以的，但是前提是，她的老公愿意把自己的行踪都通过签到的方式分享给自己的老婆。如果她的老公去了某地，却不愿意在玩转四方上签到，那么他的老婆也就没办法知道了，所以玩转四方被家庭主妇用来掌控老公行踪会非常有意思。这里玩转四方就像一把锁，但防君子不防小人，真要开一把普通锁其实不难，对于小偷而言，几乎没有不能入的门，但是大部分人都不是小偷，所以锁有效，可是如果你要在门上不装锁那么很多君子估计也就成了小偷。玩转四方也是掌控君子行踪而不是小人行踪的，当家庭主妇和他的老公都安装了玩转四方，那么无疑对老公是一个很好很善意的提醒，老公真要想怎么了，心里也会想一下，说不定就打消了念头，并且无伤大雅，就像锁对于君子的作用。"

看来，理论和实际还是有一些距离。这么看还真的很像猫和老鼠，上面有政策，下面就有对策啊！

其实，在男人面前，女人都是天生的侦探。女人不到万不得已，不用去翻看男人的手机，也不用去秘密登录老公的QQ，过度的好奇即使不在这儿出事，早晚也得出事。

记住，大道无形。男人天生就是崇尚自由的动物，如果你天天看着他，他的叛逆心就越强。所以，就算你要跟踪，也要做到神不知鬼不觉，如果做不到，那就不如什么都不做。

很早以前，过来人就告诉我，对待老公就是要像风筝一样，要把线放得长长的，让他飞得够高、飞得够远、飞得够欢，线头在自己手里。你想要拉近就拉近，想要放远就放远。这的确不失为一种好办法。真正做到如此的女人又有多少呢？

女人总是越窥探，越受伤。小时候，我们就被教育要尊重别人的隐私，比如不能拆别人的信件等。以前看过一部电影叫《好奇害死猫》，过度好奇心也会害死自己的。知道得越多越危险！其实，查男人的QQ聊天记录和手机短信的女人是很笨的女人，当她开始这个举动的时候，其实，就已经输掉这段婚姻了。

女人总是越敏感，越受伤。女人是嗅觉灵敏的动物。当女人开始不信任的时候，这段感情和婚姻就濒临死亡了，所以，女人还是最好不要去知道真相，因为真相往往很残忍，只要大家过得去就行了。想要继续这段感情，那就不要去做冒险的事情，选择相信吧。疑神疑鬼，会让婚姻变成一场闹剧的。

格羽幸福新知：

太敏感的女人，在战争还没开始之前，自己就会乱了阵脚。

越较真，越受伤。女人要了解男人的本性。当然，男人的本性是无法改变的，那就是对于异性的好奇。只要无伤大雅，只要承担家庭的责任，那就没必要较真下去。

所以，女人一定要给男人喘息的机会，否则男人就会造反的！

想要幸福的女人，千万别去当爱情侦探！

会十八般武艺的新主妇

英国一家主妇网站对4万多名家庭主妇的日常作息时间进行了调查。结果显示，她们的劳动强度和难度，绝不亚于在外面风雨奔波的男人们。调查发现，主妇们平均每天要花71分钟整理房间、14分钟铺床、63分钟做饭、28分钟洗碗、39分钟整理或支付水电费等日常开销、23分钟送孩子上学，还有每周89分钟的购物等。

该研究将主妇们这种超级忙碌的生活折合成了工作量后发现，要想完全替代一名全职主妇，需要聘请保姆照料小孩，还需要清洁人员、会计、厨师、采购员等。综合上述各项劳动量，用市面上雇用劳动力所需的平均花费计算，一年下来顶替一名主妇所需的人工开销总额达到近3万英镑，比英国人平均工资还高出好几千磅。

这家主妇网站的发言人表示，调查的结果再一次证实，所谓主妇们“在家闲呆着”的说法根本就是一种谬论。该发言人还表示，这项调查不仅量化了家庭主妇的劳动成果，更是为了提醒丈夫们对妻子多些体贴和支持。

其实，不仅仅是这些，新时代的主妇都得有十八般武艺。

胖星儿，新浪博客“美女私房菜”博主，把每天“喂养”爱人的食谱和对爱情的理解图文并茂地放在博客上，由每道菜联想到男女话题，把美味和男女关系一并“烹制”，渐渐地，她的“男女关系菜”已经自成一体，她的博客也成为目前点击量最大的中文美食博客，并获得第一届新浪博客大赛第一名。她的杂志书《胖星儿@最生活》也正在以每季一本的速度占领各大书店的畅销排行榜。

主妇做饭也能名利双收，还有什么不可能呢?

现在的主妇，首先是持家好手。

时彦就是一个善于持家的女人。说起自己家创意的地方，时彦最得意的就是她插在背景墙上的老式鸡毛掸子，她给上面沾了无数的爆米花，远看实在像一幅腊梅图。

在时彦眼里，生活就像一场0到9的排列组合游戏，有无限的可能：比如手机盒，在包上一层沙发布角料后，成了精美的纸巾盒；而毛巾在一番交叉缠绕后，也可以让一把普通的椅子变得很艺术；饮料瓶口剪下后两两对粘，就是一个碧绿剔透的薰香烛台；浴室剩余的桑拿板，三两下就可以钉成一个小巧的鸟巢……这种可能投射在她家的每一个角落。如时彦所说：“不喜欢现有的，就创造一个喜欢的好喽!”

当持家的主妇，一定得是一个“厨艺达人”。

对家庭主妇来说，“下得厨房”或许比“上得厅堂”更重要。要有主妇比赛，厨艺也该是其中最重量级的较量。JW 万豪酒店开办了“烹饪艺术学校”，就成了上海一群全职主妇提高厨艺、切磋交流的地方。酒店事务传讯副经理潘瑾介绍：“学校开办以来，吸引了不少人报名参加，有住店客人，也有其他地方来的，每次上课的人数都不超过十人，大多数是主妇太太们。”

第二，除了持家，主妇们一定要懂得网络理财，掌管财政大权。

在韩国，主妇就和白领一样，是社会主流人群之一。除了老公收入太低、不够一家开销的不能作主妇，争强好胜、看重事业的女强人不愿作主妇，其他女性一旦嫁人，都会选择回归家庭、相夫教子，过最传统的家庭生活。但这并不意味着主妇依附丈夫生活，而是“两人分工不同”而已：男主外，负责赚钱养家；女主内，挑起家庭理财的重担——丈夫的薪水归她管，丈夫的零花也由她发。

据说，日本有“主妇投资团”，她们以小博大的法宝，就是投资FX（外汇保证金交易）。这样做的初衷可能是给孩子赚一笔学费，或是为自己挣些零花钱。于是，她们将家庭金库的“余钱”通过手机、网络投资，获得高额回报。

理财的关键是开源节流。主妇当然要学会省钱。网络购物不仅便宜而且方便，如果加入团购行列，则会省下更多钱。

一个叫晓霞的主妇说：“家里装修房子时麻烦事一大堆，心乱如麻，有朋友建议我参加网上团购。”心动之余，她上装修论坛，发现有个专门的版块就是“团购天下”。里面帖子都是征求团购的，品种齐全得难以想象。晓霞想要的东西多着呢，有曲美家具、雅兰床垫、富艺玻璃灯等……她想要的全都有，而且型号齐全，帖主们大多写得很清楚，连打多少折都写得明明白白。晓霞大致算一算，可以省30%的钱！

第三，新时代的主妇，不仅能主内，还能协助老公事业。

韩国再普通的社区都设有“女性文化中心”，常年为主妇提供包括插花、料理、语言、电脑等在内的培训项目；主妇社团的聚会也很频繁，大家将它看作互相交流的平台；还有专为主妇服务的出版物，其中一本《主妇生活》被说成是主妇的“生活宝典”，从服装化妆到料理制作，从社会新闻到孩子教育，内容包罗万象却万变不离其宗，尽管价格折合人民币在70元上下，依然长年大卖。由此看出主妇们非常努力。

枫谷投资合伙人曾玉说：“主妇其实非常不好当。千万别小看了主妇，不管插花、红酒、厨艺、高尔夫，任何一样精通了都非常了不起。但只要精通了这些，对老公的事业一定是有帮助的。现在，很多老板为了表达感谢，会邀请合作伙伴到家里用餐。比如小布什就会经常邀请朋友去自己家。这时候，主妇们就起了很大的作用。”

第四，做丈夫的好朋友。

主妇从某种角度来说，还得是老公的情感支持者、心理咨询师、事业成功的保障者，是全家人的会计师、营养师、培训师。虽然都是些从属的位置，但如果主妇们能找准这些位置，日子久了，反而能成为丈夫的主心骨，关键是要把握好度。

格羽幸福新知：

所以，主妇们都在增强自己的竞争力，努力提升赚钱能力、理财能力和社交能力，不仅能持家还能给老公的事业出谋划策。那时候如果老公还要跑路，那就开门让他跑吧。

家庭主妇要做一个新主妇，千万不要做个烧钱机器，而要做家庭的CEO，特别是掌管财务大权，那老公就跑不远啦。

有人看见这句话后笑着说，女人具备CEO的才能，恐怕就不满足厨房这个舞台了。那是后话，暂且不表。

第五章

我们都是网络“病人”

网络时代，人们的情感是否扭曲了呢？我觉得这还是要归结于人性，尤其是人的劣根性。人的劣根性自古就存在。尤其是体现在性上的，即动物属性，尤其是男人的探险以及寻求刺激，占有更多的猎物（包括女人）。

所以，情感扭曲，自古就有，只是网络将这种扭曲给暴露出来了，以前是“犹抱琵琶半遮面”，现在是越来越猖獗了。

我们比从前孤独了吗？

杰克·凯鲁亚克的《在路上》被无数驴友奉为旅游圣经。几十年来，《在路上》影响了一批又一批的年轻人。何以如此受欢迎？实际上，在几十年前的凯鲁亚克就已经道出了人与人内心的孤独，触发了人们的神经。

凯鲁亚克写的是工业时代的孤独：每一个城市市民的孤独，面无表情的孤独，无动于衷的孤独，而贫富悬殊的强烈对比，使擦肩而过的人群格外冷漠。现代生活产生的挫折感使人们摈弃了一切的幻想，所有诗的韵律都被压缩在了一个个狭小的空间，听起来更像是发动机的节奏。在他笔下，工业化社会中“单面人”的生活使每个人都如机械一般准确：码头、酒吧、货栈、铁路、轮船，如传送带一样，将每个人的一生从头到尾连接了起来。

首先，我们先弄清楚孤独和寂寞究竟有什么区别。著名学者周国平曾讲了这样一段话，对于孤独与寂寞的区分是比较清晰的：“孤独是一颗值得理解的心灵寻求理解而不可得，它是悲剧性的；无聊是一颗空虚的心灵寻求消遣而不可得，它是喜剧性的；寂寞是寻求普通的人间温暖而不可得，它是中性的。”

所以，孤独是心理层面的，而寂寞是感受层面的。孤独是一种寂寞，但寂寞并不是孤独。孤独是渴望理解和认同，而寂寞通常是无聊和空虚。

新时代的孤独有着一些新特点。

第一，联系越紧越孤独。

美国社会学家2006年的一项研究表明：1985年来在高科技推动下美国人越来越孤独了，他们的社交圈子在缩小。

大家都能切身感受到，人类历史上从没有一种通讯工具像互联网这样为人们提供了广泛联系。我们却陷入这样的尴尬，或许我们与大洋彼岸的陌生人聊得海阔天空，却与隔壁的邻居形同路人；我们可以交上几百个网友，身边却没有一个人可以推心置腹。

美国依然是宽带用户头号大国，2005年底的用户人数达4939 万人，普及率为16.8%。然而，一个这样自由的信息王国同时也是孤独的现代城堡。一项针对美国人社会联系的调查报告表明：与20多年前相比，美国人的社会孤独感越来越深，越来越多的人表示，他们无人可以相互倾诉。

研究显示，1985年以来，平均每个美国人有至少三个人对其吐露心声，但到2004年，这个数字下降到两个人。更严重的是，有25%的受访者表示他们根本没有可信赖的密友，这比20年前高出一倍多。值得注意的是，超过50%的人把他们的伴侣视作唯一的倾诉对象。这比1985年翻了一番。虽然这预示着良好的家庭生活，但也意味着美国人的社会关系更加脆弱，如果他们的伴侣去世或婚姻破裂，他们将会经受致命打击。

第二，城市越发达越孤独。

据说，在网络的世界里，最孤独寂寞的灵魂在爱尔兰。

世界最大网络搜索引擎公司Google今年在对关键词搜索次数进行统计后发现，输入“lonely”（意为寂寞）次数最多的用户来自爱尔兰的首都都柏林，而搜索“happiness”（幸福）次数最多的是新加坡用户。

这个结果可能出乎很多人的意料。爱尔兰曾经是欧盟中最贫穷的国家之一，却在不到一代人的时间里，创造了欧洲的经济奇迹，一跃成为仅次于卢森堡的第二富国。2004年，在《经济学家》杂志举办的“生活质量”评估中，爱尔兰被评为世界上“最适合居住”的国家。然而，经济的蒸蒸日上、移民的蜂拥而至，却让这个国家多了更多的“网络独行者”。

人们逃离了“鸡犬相闻”的传统，钻进了钢筋水泥的都市文明，实际上已经心甘情愿地选择了孤独。注重保护自我、保护隐私的现代人也封闭了相互了解的窗户。人们警惕地盯视着一个向你发话的陌生人，亲自关上了重重的信任大门，也关上了走出孤独的门。

人们在无形无序的世界中为自己定位，把自己划归某个阶层，又千方百计摆脱这一阶层进入更高的阶层，不断缩小着自己的交往范围，在自己的身边划上一个看不见的、拒绝亲近的隔离圈。人们苦苦追寻，希望找到一个可以归属和认同的人群，但往往发出相同的感慨，茫茫人海，知音难觅。

第三，越喧嚣越孤独。

电视的喧闹、音乐的鼓噪一起打发无聊，网上聊天、网络游戏消除了孤寂和落寞，人们还在等待消除孤独的手段。科技再发达也不能发明感情，技术再先进也不能创造知音。

我们不愿意放弃来之不易的现代文明而回归传统的农耕社会，但我们却不应该放弃自然的情感交流方式，去追逐更为“浪漫”的鲜花传情，去收集很“酷”的别人精心编织的祝福短信，放弃“土”节日的团聚，追逐不知所以的“洋”节日的时髦。其实我们不用刻意去营造感情，不用刻意去编织美言，只要保留那份传统的朴实和纯真。

可以说，我们孤独的体现是一种借由互联网呈现的新的体验。在传媒专家傅玉辉看来，“人们选择喧嚣是为了释放身心的压力，而选择体味孤独则是为了回归自我，反省人生。这是传播世界的两个极端，但是都有存在的合理性和必要性。当然不同的交往方式各有长短，现实的交往在交往的范围和深度上也许会显得比较有难度，但是虚拟的交往则可以弥补现实交往的不足。不过我们也应该认识到无论是在现实世界还是虚拟世界，人的孤独都是客观存在的。虽然互联网为人们提供了新的交往方式，但是即使进入其中，人们也依旧会面临互联网世界的喧嚣和孤独。所以我认为人们所面临的喧嚣和孤独，本质上并没有变化，只不过这种体验是新的体验。”

为何会这样呢？我们该怎么办？

于是，有人主张像凯鲁亚克的行走选择流浪与漫游，成为了现代人为了防止自己被电脑化而做出的本能反应。在路上，至少可以使自己远离思维的陷阱，远离集体性的歇斯底里。

已经有人开始担心，人类想方设法离开田园向现代文明迁徙，浑然不觉这时已经切断了许多感受社会的情感的神经。当人们不再“日出而作，日落而息”，把自己绑定在时针上时，似乎从未觉察到与家人说话的机会已经渐少。当亲情通过电波去传播时，我们看不到彼此的眼神，当生活的语言变成了短信，带来的可不仅仅是一些错别字和文字的苍白、干涩，情感也被现代文明过滤了。

格羽幸福新知：

要摆脱孤独就不能放弃自然的情感交流，无需刻意营造感情，只要保留传统的朴实和纯真。

网络给了我们沟通的平台，我们却并未付出真心。或许因为我们联系太容易，从而忽视这种沟通的真诚。

太容易得到的东西，都不懂得珍惜。好比爱情。

太阳下是灿烂的孤独，月光下是阴冷的孤独，网络上是喧嚣的孤独。这话的确值得追求幸福的人们深思。

方便化让我们更迟钝

《单向街》里“Google把我们变蠢”的话让我感触良多。该文章由美国科技作家尼古拉斯·卡尔撰写，由郭玉洁翻译。这篇文章一推出就在美国引起强烈反响，也引起了中国的学界和IT界的注意，那诸如Google、百度这样的网络搜索引擎，在方便快捷地带给我们海量网络信息的同时，又有哪些弊端是我们始料未及的呢?

第一，方便化让我们没有必要思考。

Google 宣称它的使命是“组织这个世界的信息，使得它易得、有用。”它试图发展成为“完美的搜索引擎”，能够“准确理解你的意图，准确满足你的需要”。在Google看来，信息是一种货物，是一种可以以产业效率为原则进行开采和占有的现实资源。我们得到的信息越多，提炼要点的速度越快，我们思考的成果就越高。

“最终的搜索引擎可能和人类一样聪明——或者更聪明。”佩奇在几年前的演讲中说道。

这表明了一种理念：“智力是机械过程的产物，是一系列可以被分解、度量和优化的步骤。”在Google的世界，我们上网时步入的世界，并未给思考的模糊性留有空间。人类的大脑只是过时的电脑，它需要更快的“处理器”，和更大的“硬盘”。

不管是百度，还是Google，的确带给了我们很大的方便，而且买一样东西之前，都会习惯性地去搜索信息，看这个公司的服务怎么样，看这个品牌的口碑如何。当然，我承认，网络，尤其是搜索，对我的写作起了很大的帮助，我能更快地找到我要寻找的素材和资料。只要搜索关键词，大量的信息就出现在屏幕前。要换做从前，这都要去图书馆排队等待好多天，而且经常等不到。

例如，在写这本书之前，我就在网络上搜索了几十万字的参考资料和数据。这是否让我更迟钝呢？其实可以这么理解，如果仅仅是以获取信息作为结果的方式，那这种方便化的确让我们少了思考这个环节。

而对于我这样的写作者，恰巧相反，搜索到的信息，恰巧是我思考的开始。选择、筛选、萃取、融会贯通，然后创作，这一系列的步骤，都伴随着思考。

第二，信息太多让我们没有时间思考。

麦克卢汉在上世纪60年代指出，“媒体不仅只是被动的提供信息渠道，而是在传输资源的同时改变思考的模式”。前所未有的互联网变革更是如此，对于习惯了纸张和书本的人们而言，高速网络让人无法集中注意力，难以深度思考。大脑处理网络信息的方式正如网络本身一样——是对信息流的高速传输，而非“细嚼慢咽”。网民们在标题、内容页和摘要间进行着平行式“海量浏览”，为的是很快得到结果。也可以说，人们上网正是为了避开传统意义上的阅读。

是的，信息太多，时间有限，所以我们分配在每一条信息上的时间和精力就变少了。也就是说，我们的思考已经被这些海量信息分摊，摊薄了，于是就不再那么深入地思考了。

对于我来讲，我的思考是保持在晚上睡觉前，在睡觉前宁静的那一刻，我会清除掉所有信息，让自己思考。这也是我最近两年才做的事情。

信息清空，信息清零，这无疑是一个好办法。

第三，诱惑太多让我们无心思考。

研究发现，人们使用这些站点时，表现出“略读行为模式”，从一个地方迅速跳到另一个地方，并且很少回到之前访问过的站点。他们阅读文章或者书籍通常不超过一两页就跳到另一个站点。有时候人们也会保存一篇长文章，但是没有证据表明他们真的会认真阅读。研究报告的作者写道，卡尔和一些学者认为，互联网的迅捷和内容丰富带来的一大副产品是扰乱注意力，让人无法专注于某个事物。心理学研究人员指出，没有人能同时写邮件和打电话，因为大脑无法如此迅速地转移注意力，而长期的“一心二意”导致的后果可能和吸烟一样危险。而科技作家麦琪·杰克逊在新作《正在到来的黑暗时代》中警告说，当我们的注意力愈发分散，沉溺于走马观花式的认知，我们可能沦为介于人和机器之间的半成品。

毫无疑问，这是一个诱惑无处不在的社会。“吃着碗里的，看着锅里的”，各种各样的信息，背后代表着各种各样的诱惑，或者说，这些信息本身就是一种诱惑。

于是，我们每一个人，都不能安定下来，踏踏实实地静下来，我们总是看着别处。

其实解决方法也是有的，比如我写作的时候，我就会把一些即时工具关掉，比如MSN、QQ等，甚至手机也是静音，尽量不被打扰。

《异类》里探讨了成功法则，任何一个在某一领域成为专家的人，其实都付出了1万小时以上的练习。如果被太多诱惑所牵绊和影响，那肯定是做不好的。

第四，缺乏练习，而丧失了思考能力。

沃尔夫解释说，阅读并非人类与生俱来的技巧，不像语言那样是人类基因的一部分。人们必须训练自己的大脑，让它将看到的字符翻译成可以理解的语言。而阅读所需的媒体和技术则对大脑的神经系统产生影响。实验证明，使用意表文字的人，如中国人，和使用字母的人在阅读时相比较，神经环路上有明显不同。这样的区别在大脑各个部位都有出现，其中包括掌控核心认知功能的区域。因此，也可以这样推测，在线阅读和读书读报也会产生不同的神经环路。

所谓大脑就好像柴刀，越磨越亮，久了不用就会生锈。这点用在思考上，肯定是正确的。久了不思考，甚至都丧失了思考的习惯，这的确是很悲哀的一件事情。最严重的事情是很多人都无法意识到这种丧失和悲哀。也就是说他们很久很久都没有反思过了。

更多的人，就好像温水中的青蛙，渐渐丧失掉思考的技能。

互联网精英思成倒很乐观：“不觉得大脑会更迟钝。科技正在把大脑的部分功能变成电脑可以完成的，但距离人的思考方式还有很大差距。电脑会成为人脑的外脑，辅助处理一些工作，而人脑可以加速，注重思考需要创造力解决的问题。”

玩转四方CEO谢晓说：“至少我没有变迟钝。因为你不只是为使用Google而使用Google，如果说方便化让1%的人迟钝，那么却是使99%的人提升了效率，这点你从GDP的增长可以看得见，可以设想的是没有Google，没有网络、手机等数字化工具，社会将倒退不止50年。”

格羽幸福新知：

不管怎样，在这种纷繁复杂的虚实相间的领域里，我们受到了前所未有的挑战，这种挑战就是我们的分辨能力，每个人都在寻找对自己有价值的信息，而且信息越多，寻找的时间成本就越高。

《长尾理论》的作者安德森提到斯特金法则：任何事物都有百分之九十的渣滓。音乐、图书和其他东西也一样。这时候就需要灵活的搜索引擎和强大的过滤器。

同时，不仅有很多垃圾信息，对我们无用的信息，还会有很多虚假信息。正如互联网精英思成所说，刺激眼球的虚假信息和谣言会变得异常容易传播，而辟谣则相对较难。

这就好像寻找恋人，我们机会多了，却越来越不知道谁才是自己的真命天子了。

人类一思考，上帝就发笑。但是如果人类不思考，上帝就该头疼了吧？

也许已记不清他的脸

2008年底，加拿大电脑奇才吴勒(LeTrung)设计了一款机器人女友，引起了巨大的争议。他曾是一名电脑程序员。因为一直忙于工作，无暇谈恋爱的他有了设计一个机器人女友陪伴自己左右的念头。两年前，他开始设计制造机器人女友Aiko，在不断改进完善Aiko的过程中，他卖掉了自己的车子、用掉了所有的积蓄，据称，这款机器人的成本在1.4万加元。吴勒甚至因为不堪设计机器人所带来的压力，引发了一次轻微的心脏病。吴勒承认，33岁遭遇心脏病袭击确实令他震惊不已："医生说我主要是工作过于辛苦。也许有一天，我可能需要Aiko来照顾我的日常起居。"

江苏常熟网友评论说："再完美，她也是机器。"山东济南网友评论说："吴勒和机器人妻子生活会感到幸福吗？如果这种技术发展开来，社会岂不是乱套了？我觉得大多数人还是喜欢和人生活在一起的，技术永远取代不了人性。"另一部分人则对科技发展对于人类社会自然伦理的侵蚀感到担忧。

吴勒的行为有点极端，不过现时生活中的我们大都也有科技依赖症。

其实，我们大都有网络依赖症。我就有切身体会，如果网络有点上不去了，我就很烦躁，而且查信息习惯用搜索。

闾丘露薇就坦言："我是个有网瘾的人，需要接受下治疗。"网络对于闾丘露薇来说，是个发声的平台。早在从伊拉克战场回来后，因为不满足于做人们眼中的"战地玫瑰"，她已经有意识地在寻找这样一个可以发出自己声音的平台。博客正是她找到的第一个方式。2005年，她开始在新浪写博客，相比写专栏而言，她写博客会更认真，专栏可以泛泛而谈，但对于博客文章，她会像做新闻一样考虑找选题，因为好的选题可以得到更多回应。而能够看到读者的评论，尤其是批评的声音，让她可以从中学到更多看问题的视角。她把这当成对自己最好的锻炼，挑不挑得准话题，写博客可以给出测试。

当然，"手机依赖症"更为普遍。从冯小刚的电影版《手机》到电视剧版的《手机》，无不反映了人们对手机的依赖。2010 年春晚上的郭冬临和牛莉的小品《一句话的事儿》更反映了手机对情感的影响。

中国是世界上拥有手机人数最多的国家。追求时尚的白领阶层往往是频繁更换手机或一人多部手机，是对手机最为关注的人群。加之工作压力大，对手机的依赖性也相对较大，这种心理的不适应状况在白领人群中的发生率也出现了增多的趋势。一些性格内向、缺乏自信的人更是依赖手机。这些人往往交际圈小、朋友少，想与外界联系又不积极主动，只能借助于手机来排解孤独感和证明自己的存在。还有一些人通过频繁接电话来向别人显示自己工作繁忙，以此证明自己在社会上的重要性，从而满足自己的虚荣心。

"手机依赖症"的另一个表现形式是过多地利用手机进

行沟通，如：明明走几步就可到达的地方，却非要通过手机进行联系;在等人的时候总是频繁打手机问对方身在何处，如果不打就焦急难耐。“手机依赖症”严重的人还会出现手脚发麻、心悸、头晕、冒汗、肠胃功能失调等症状。

我的一个做生意的朋友就有严重的“手机依赖症”，不管是吃饭还是开车，永远都是手机不离手，永远都是在接电话和打电话。他说，经常有“手机幻听症”，当听到手机铃声就会下意识地去看手机，甚至连脾气也变得暴躁起来，经常莫名其妙地发火，如果没有找到手机就会特别没有安全感，而且会感到无所适从。

专家称，现代社会工作压力大，人际交往日益频繁，信息更新流通速度快，这些原因使得手机成为大多数人工作和生活的重心，手机无形中在这些人的心里占据了相当重要的地位，一旦手机没电或来电频率突然降低就会出现情绪波动，如焦虑、烦躁、抑郁等症状。

其实，高科技的作用一直被争论。很多人都担心高科技下，人们的天性逐渐丧失，人们的自然属性退化，人与人的关系更加疏远。

不过《众包》里指出，互联网虽然为个体服务，利用技术，“众包”使合作在各个层面都变得史无前例，从而形成了新一种形式的合作。

针对“网络操纵了人类还是人类操纵了网络”这个话题，有人说，其实网络与孤独并非一卵双生。如同人类在过去创造出的任何工具一样，网络是柄双刃剑，它究竟能为人类造福，还是会将人类异化，都取决于人类自己。网络仅仅是人类征服世界的一种工具、一个过程，伴随着人类实践的增多，人类也会越来越善于趋利避害地利用网络，从而更好地为自己服务。

作为互联网精英思成说：“女人该如何使用好互联网这个工具？基本互联网应用的将来就和水、电、煤、电话差不多，会成为所有人的必需品。它的职能就是优化信息流通。至于如何用好，其实没什么特别需要学习的。有问题，找搜索引擎。”

音乐人小柯则比较乐观：“科技只是技术，人是群居动物，本性不会变的。”

玩转四方CEO谢晓说：“不能简单地理解成依赖。当人们站立行走，学会使用工具，人类社会得到了巨大的发展和进步。所以重点是你被工具驾驭还是你驾驭工具，当你驾驭了工具，你的效率更高；当你被工具驾驭，你就会迷失。”

面对科技依赖症，尤其是我们离不开互联网和手机的状况，解决的问题还是自我控制力。正如微软副总裁张亚勤说：“现在大家都讲三屏时代，手机，电视，还有电脑屏幕。我自己是控制力较强的人，没有依赖症。我手机打电话都很少，我也基本不看电视。上网的时间每天在2–3小时。”

互联网对我的改变，我有切身体会。因为经常在电脑上打字，所以我现在已经不怎么会写字了，有时候在给读者签祝福语的时候，经常忘了这个字怎么写，然后在电脑上的输入法里去查，同时因为很少写字，现在字也越写越丑。于是我现在就打算好好练习写签名来应对了。

因为工作性质的转变而对手机产生依赖的人，实际上是由于部分固定交际对象的突然消失而带来的交流欲望的中断。这类人可以在生活中重建自己的交际圈，利用闲暇时间参加一些联谊活动，定时和几个固定好友小聚谈天来排解抑郁的情绪，使自己尽快适应新的环境和工作。

如果是对手机习惯性依赖的人，则应多在现实生活中积极与人交谈，多读书、看报，通过自我约束逐渐减少不必要使用手机的次数，尽量将生活的重心从手机上转移。

如果客观条件允许，最好多参加一些有益身心的活动，如：听音乐、外出散步、郊游、健身等。如果对手机依赖过于严重，就要去看心理医生，以免影响正常的生活和工作。

如果工具成为身心的羁绊，那就失去美好的初衷。换做物为心用，才是最大的快乐！还是两个字，“驾驭”，只要善于驾驭的人，不管是驾驭人或者物，都会跳脱束缚，成为真正的主人。

格羽幸福新知：

当然，最关键的一点，过于依赖手机或者电脑，也会影响我们的感情。

我们已经越来越依赖于手机和电脑来给我们的快乐，依赖于通过手机信号传达的沟通方式，却不是面对面、眼睛看着眼睛那样的沟通。我们可以连续花5个小时玩网络游戏，却越来越少花时间和恋人聊天散步。这是一个大问题。最后，我们的感情鸿沟只会越来越大。

过度依赖的背后，你会不会忘记了最爱的人的脸呢？

我们都患有网络综合症

美国一份针对17251名上网者的调查显示，至少有6%的网民上网成瘾，1/4的人在感到无助、焦虑和压抑时会上网寻求安慰，1/7的人在平时总是想着与上网有关的事，1/14的人如果上网时间缩短就会感到烦躁易怒，1/25的人因上网过度而失业或离婚。最终的结果发现，全球两亿多网民中，有1140万人患有不同程度的网络综合症。

2010年调查显示，35.5%的网民日均上网时间在8–12小时之间，甚至有1.7%的网民认为自己日均上网时间在12小时以上。24.6%的网民曾经试过连续上网时间在24小时以上，并且有22%网民习惯连续上网，中间不休息。

何谓网络综合症？就是人们由于沉迷于网络而引发的各种生理、心理障碍的总称。网络的包罗万象、快速便捷令现代人心驰神往，而网络综合症却让人们陷入无助焦虑、孤独惆怅，甚至引发死亡，这正如罂粟以其美丽吸引了人类，而其毒性又令人们深陷其中，难以自拔。

其中，影响最直接的是身体健康的影响。除了环境和饮食造成了人们的亚健康，生活方式也影响了健康，其中就有长时间上网。电脑的辐射有两类，低能量的X射线和低频电磁声辐射。如果人们较长时间处于这种辐射环境中又没有进行必要保健的话，就会引起中枢神经失调。

第一，经常坐在电脑旁，尤其是玩游戏的人，对身材的影响是很明显的。

把那些坐办公室的白领或者网游人士拉出来一看，有哪个没有小肚腩？之前我写过一篇文章，叫《永远不要小瞧保持身材的女人》，永远不要小看一个保持身材的女人。因为这意味着她们有常人不能比的毅力和耐力，拒绝掉了常人不能拒绝的诱惑。一个减肥的女人，她可能控制饮食，坚持运动，勤练瑜伽，拒绝一切能让自己长胖的美味和热量。这样的超强毅力和控制力，用在情场还是职场上，简直就是无往而不利。其实，减肥不是减肥那么简单，那是女人一生的事业。女人在塑造自己苗条身材的同时，也塑造了自己完美的人生。这样的女人当然不能小看！长期坐在电脑旁，缺乏运动，甚至吃零食，脂肪堆积到腰上，怎么会有好身材呢？当胖到一定程度，就不再是美观问题，而是健康问题了，患心脏病、高血压概率会高了很多。

同时，不容忽视的是，长期面对电脑，脸也会发生变化，不仅丧失水分、肤色暗黄，还会有雀斑，甚至会有“电脑脸”。所谓“电脑脸”是由于长时间上网，会在不知不觉中出现表情淡漠、情感冷峻的“电脑脸”，严重影响人际交往。养生专家说，这部分人绝大多数严重缺铁，补充含铁丰富的天然食物可以预防“电脑脸”。

第二，长期上网容易得颈椎病。

因为长期保持一个姿势坐在电脑面前，74.5%的网友认为自己有颈椎、腰椎方面的问题，但认为自己毕竟还年轻，这些问题也并没有十分严重，不需要到医院诊治。

关于颈椎病，我是有深刻体会的，相信很多用电脑写作的人以及网站的编辑也会有颈椎病。我身边的朋友大都有颈椎病，只是程度不同。

我第一次觉得肩椎颈椎疼，是5年前了，当时辞职在家做SOHO，天天睡到自然醒，然后打开网络，跟人网络沟通，开始写东西，看综艺节目，甚至玩游戏。最开始生活得特滋润，因为不用早起，也不用考虑办公室政治，只需要自己接一些业务。但是，两个月后，我觉得自己颈椎很疼，是酸疼，我最开始以为是睡落枕了，后来我才知道都是上网的原因。因为有时候工作太专注，而忘记了时间，经常在电脑前一坐就几个小时过去了。于是，我赶紧去健身俱乐部办了一张卡，天天去跳拉丁和肚皮舞，这才让我的身体调整过来。

如今，我每天的工作都离不开网络，经常是八个小时都离不开。所以我经常会像上学时候一样，有上课也有下课，或者像足球赛一样有中场休息。累了，站起来走动走动，然后去超市购物，去小区散散步，这才让我的身体没有变差。但不可否认的是，还是会有一些颈椎的问题了，只是尽量不让其变严重。也许，这就是工作的代价吧。

第三，视力下降。

用电脑时，我们总是“目不转睛”地盯着显示屏，较长时间接触电脑后，常感双眼干涩，酸胀、看不清东西，经常犯困等。可是经眼科医生检查，双眼视力、眼球、眼压都没有问题。许多眼科大夫将这一症状称为“网络综合症”之眼科新疾病。

我的视力其实一直很好，但超负荷使用电脑后，我的视力也不如从前了，不过我坚持不带近视眼镜，因为我明白带上了就不好摘了。现在，我的电脑文件背景色都是淡绿色，而且电脑桌旁放了绿色的仙人掌，还是有一定作用的。

第四，睡眠质量受影响。

调查结果显示，68.5%的网民日均睡眠时间在6–8小时之间，26.8%网民日均睡眠在6小时以下。对于是否需要借助药物来帮助睡眠，68.7%的网民认为自己不需要；28.3%的网民认为自己偶尔需要；还有3%的网民则表示自己长期需要药物帮助睡眠。

睡眠这点，我要感谢遗传因子。我的睡眠质量都很好，我是一个嗜睡的人。但我知道周围有很多人的睡眠被偷走了，于是造成气色非常差。

调查显示，12.6%的网民认为网络让自己越来越脱离现实，12.8%的网民认为长期使用网络，让自己变得不会与人沟通，30.6%的网民感觉情绪更容易焦虑，14.5%的网民认为网络让人容易自闭、抑郁，也有1.7%的人认为网络让人很开心，能增强与别人的交流，还有27.8%的网民认为网络对心理健康并没有什么影响。

其中，值得一提的是，沉迷网络的人容易虚实不分，造成逃避现实，消极的生活状态。让很多人与社会现实脱离，虚拟世界与现实世界的反差很大，很多人认为在虚拟世界可以主宰自己的命运，可以获得满足感与成就感，里面的团队让自己感到温暖，被爱、被尊重、被认可，他们享受这种状态。但回到现实生活中，却有很多的不如意，这种大反差会造成恶性循环，即在现实世界得不到的满足感，让他们沉迷网络，但在网络世界沉迷越久，在现实社会又丧失越多，于是形成一种恶性循环。

格羽幸福新知：

在我看来，沉迷网络的人，大部分是现实生活太压抑、太紧张、太无聊，甚至不得志的人，希望从网络中得到自己的心灵慰藉。

要完全不用网络是不太现实的，但要多出去看看风景，多参加社会活动。

我们是自然人，当然要投入到大自然的怀抱。

感情隐私成为定时炸弹

1995年，一部离奇的科幻电影《网络惊魂》被搬上银幕，片中经典台词透露出了丝丝不祥的预感，女主人公的驾照、信用卡、银行账户都被删除。如今，身份盗窃已经是个非常现实的问题，催生出了一个以非法监控个人信用记录和身份为基础的完整地下行业。

身份被盗毕竟少见，但是女性隐私在网络上被放大暴晒，则会愈演愈烈。

近几年来，女性隐私的受害者数不胜数。各种不雅视频、照片在网上流传，使女人的隐私和安全变成了一个不容忽视的大问题。手机摄像头无处不在，稍微不小心，自己和恋人的亲密过程可能第二天就会成为网络里的头条，顿时天下皆知，每个人的前世今生都被“扒得精光”。

据新闻报道，2010年1月，民警将专门潜伏在三亚一些中档宾馆、酒店女厕，用手机偷拍女性隐私的男子曹某抓获。有一位女游客向宾馆保安反映，她在上厕所时突然看到一只手拿着手机从隔壁厕所底下伸过来，对着正在上厕所的她连续拍了两下，吓得她大叫一声，然后就听到有人打开隔壁的厕所门急忙离开了。两天后又有一家酒店报案，一中年男子潜伏在女厕所用手机偷拍女性隐私。新风派出所民警接到报警后迅速赶往该宾馆，将正在女厕所里潜伏作案的男子抓获。民警打开他的手机一看，有8张偷拍的女性隐私照片。

所以，女性隐私不容忽视。其中，最具有杀伤力的就是“人肉搜索”，这是互联网上兴起的依托网民而进行的一种信息搜索方式，是一种人找人、人问人的关系型网络社区活动的表现形式。这种方式容易对个人隐私权造成侵害。

研究互联网领域多年的学者傅玉辉说：“如果不保护个人隐私权，互联网就是一个没有规矩、没有游戏规则的绝对自由主义者的天堂。因此在数字化时代，在整个互联网交往过程中，这已经成为互联网时代的一个首要问题。互联网上有着海量的信息，互联网使用者的个人信息、健康情况、购物习惯、私人图片以及其他特殊情况都可能被自己或他人泄露上互联网平台，如果这些信息被广泛传播，那么这些传播行为所造成的各种损害将是无法估量的。所以说对于互联网时代的个人而言，信息安全和隐私权保护是需要引起人们格外重视的一个问题。”

其实，男欢女爱，并无过错。这些曝光出来的，不管是丑恶的，还是自然的，都是众多现实中的沧海一粟，冰山一角。而作为看客的我们，又何必大惊小怪呢？

错在谁呢？错在高科技太发达？错在网络太快捷？错在偷拍的男人？错在参与的男女主角？错在这些无聊的幸灾乐祸的看客？

害怕被噎着就不吃饭了？这是不对的。害怕被偷怕被传递就不去爱了？这好像也不太现实，有悖人类的自然属性和生理需求。

所以对于女人来说，在这样险恶的大环境下，不仅要畅快地爱，更要懂得保护好自己。女人，你所需要做到四点。

第一，擦亮眼睛认清楚身边的男人。遇到坏的男人，可以让你去地狱；遇到好的男人，可以让你去天堂。而好男人也不是绝对的，一旦情况有变，好男人变成坏男人，杀伤力可能更大。遇到好的男人，不去做伤害你的事情，那么被偷拍被传播的可能性就为零。

第二，要有隐私管理的神经。苍蝇不叮无缝的蛋。女人，如果一开始就注意和收敛自己的行为，不给人留下话柄，那就会少了很多隐患。如自己有这根自我保护的神经，不去拍不雅照和性爱视频。

第三，洁身自好。视讯中国手机台高管董崇飞说："数字化让更多阴影里见不得大众的私密有了更多暴露在阳光下的可能，因其满足大众内心的窥私欲而插上数字化的翅膀得以广泛传播。时代越来越透明了，无论男女老少，如果不好自为之，洁身自好，每个人都可能成为某个门。"

第四，提高互联网法律意识。傅玉辉说："对于女性而言，更是如此，在近年来的一些互联网事件中，其中因为个人私密信息在互联网的曝光，导致许多女性的隐私权受到侵犯。因此对于女性朋友隐私权的保护，一方面要在互联网监管体制、制度上不断完善，要不断强调从互联网等相关法律层面落实好对于个人信息的保护；同时，女性朋友也要不断提高互联网使用的媒介素养和法律意识，积极主动地保护好自己的隐私。这种保护自我隐私权的意识在女性的互联网使用过程中应该成为一种最基本的自觉意识，这样才有助于推动女性隐私权的保护。"

格羽幸福新知：

总之，在大众舆论面前，女人仍然是一个性爱隐私的弱者，受到最大伤害的就是女人自己。

只是当我们看得多的时候，也就见怪不怪了。希望那时候，看客们不要再幸灾乐祸去围观了，如果要意淫直接找AV就解决了。

当然，作为女人，如果你真的和这个男人拍了性爱视频，那就要做好最坏的准备，要建设好自己的心理状态，这样，你才不至于崩溃。

如果一个男人说："你不跟我拍就是不爱我！"那么请你微笑着对这个男人说："是不是我自杀了就证明我爱你呢？"如果遇到这种情况，你可以离开了。

虚拟性爱何时了

这是一个读者的来信。

最近，我有块心病，其实我的脑子是很清醒的，但为什么不能释怀？

以前从不加陌生人的我，最近在QQ上加了一个陌生人，他的资料简单得只有一个QQ号码，而无任何可显示的内容。他加我时，我当时拒绝了，并付上了拒绝的内容：Who are you？然后他用英文回了我一连串，感觉挺流利。正在学英文的我想，这下好像找到了一个可以跟我Practise English的人了，所以重新加了他。一开始，我们很少聊天，而且我拒绝用中文，他用英文了解了我的基本情况，包括我的年龄、工作、大概住所、婚姻状况、漂亮程度等等。我想既然是抱着学习的心态，要问就问吧，反正也没什么。而我问他东西，他很多都不说，一直强调不想把网络的东西带进现实。并且问我是否曾经有出轨的行为，我就如实回答他没有，也没多想他问这个干嘛，他说我是一个好女孩。

就这样在网上遇见，聊聊英文，也没什么不好的。但后来，他试着去打开我的心扉，这是我最脆弱的一面，近两年来，跟老公关系一直不太好，因为老公想生第二胎，我没同意；女儿跟我们睡，也影响到我们的夫妻生活，老公把这些都记在心里，积怨已深，对我冷漠，不愿沟通。我内心深处感到好孤独，觉得自己的感情像浮萍，无所寄托。这个网友一进行心理攻击，我感觉我的心像决堤了，但是也没过份的表现出来，只是表示默认。

他一见我态度有所转变，然后发动进一步的心理攻击，让我不知所措，因为我确实没经验。在一个节日的下午，他突然上线了（平时我们下班时间、假日是不会上线的），问我是不是在家，老公有没有在家。我告诉他我在家，而老公没在家。他对我发起了Cybersex（这是我后来才知道有这么一个说法）的邀请，我感到我的灵魂差点被他“强奸”了，拒绝了他再继续说下去，他也就停了。然后我很生气地下了，叫他以后不要跟我说话。

假期过后，我们上班了，他又在网上跟我说对不起，说这种Cybersex在网上很流行。我就问他，是不是在现实生活中得不到满足，要用另外一种方式去弥补？他说他在现实生活中有很好的Sex，有很好的感情，只是觉得自己有些贪心，以后如果我不愿意做的事，绝对不会勉强。他还是想留住我（因为通过了解，他知道我漂亮、有学识、有内涵），就说可以聊工作，聊别的事情。后来我们聊的话题也就是这些，渐渐地我对他没什么反感了。他对我改变了策略和方式，发动了Cyberlove，我知道我慢慢喜欢上他了，虽然我连他的影子都捕捉不到。而且他出差期间很晚都会用酒店的电脑给我QQ留言，有时我还没进公司，他就在网上等我了。最近几天，他出差回来了，没见他上Q，我也不想给他留言什么的，因为我很清楚我要做什么，我还是想捍卫现在的这个家，我知道我老公是在乎我的，我们都深爱我们可爱的女儿。即使因为一时的冲动离了婚，我也找不到那种完美的或者是比较理想的男人，然后我还得背上良心的谴责，不敢想像离了婚的感觉，只知道那是更可怕的深渊。

对于这样一个连影子都没见过的人（除了一个Q号没任何联系方式），我想把他忘记，为什么却无法释怀，无法忘记？

看完邮件后，我特意上网搜索了这两个名词：Cybersex和Cyberlove。简单来说，就是凭借摄像头而进行的虚拟性爱和虚拟爱情。

如今，各种即时聊天工具如QQ、MSN成为大家的沟通工具，这些工具都有聊天和视频功能，这些都形成了虚拟性爱的硬件。

同时，各种社交网站如Facebook、开心网和人人网等的流行，让人们更方便快捷地交友。这些便形成了虚拟性爱的对象。

网络中有无数感情寂寞的女人。因为感情寂寞，才容易被诱惑，才容易深陷其中。

于是，这些条件构成了虚拟性爱生存的土壤。我敢肯定，虚拟性爱的风潮还会愈演愈烈。

虚拟性爱和真实出轨，其区别在于，更加隐蔽，更加隐私。因为没有现实的接触，所以对真实生活的影响相对较小。

虚拟性爱分为两种，前面提到的是陌生人之间的，当然还有异地恋人之间的。现在主要谈陌生人之间的。这种有点挑战道德领域的形式，将会越来越蔓延。

因为虚拟性爱带给人的是刺激、是快感、是神秘，还避免了现实中见光后的失望，这也是虚拟性爱的魅力所在。

对此，男人应该比女人更为热衷，因为更加赤裸裸、更加直白，而且直奔主题。其实女人对此则还是心存芥蒂，总是半推半就的。

格羽幸福新知：

但对于女人来说，玩Cybersex的男人，是万万不能对他动感情的。因为这就足以说明对方是欲望的动物。正因为这种方式的便捷性，他同样还会对很多类似的女人发出邀请。

现在来说这位女士的案例。

这位女士之所以这样，是因为感情空虚，老公对她很冷漠，渴望被爱。而这个男人出现了，她就把爱转移到他身上了。

而这个男人很聪明，知道得到一个女人从Love下手，最后才能得到想要的Sex。

既然已经知道怎么回事儿，那就应该停止了。不要深陷下去，否则葬身的只有女人自己。而这个男人肯定又会布置另外一个陷阱了，所以及早抽身最重要。

让孩子对游戏说不

据《广州日报》2010年3月27日报道：业界准备不再使用“网络成瘾”（网瘾）这种说法了，改称为“病理性上网”。卫生部正在进行调研，确定它的诊断标准，一旦诊断标准确立，“病理性上网”就是一种病。

病理性上网在全世界非常普遍。

青少年上网成瘾已经成为世界性的难题。台湾发表的一份针对中学生和大学生的“网络成瘾”现象研究报告表明，上瘾的学生每周平均上网时间近20小时，比未上瘾者超出很多，而且每周上网时间越长，沉迷网络的倾向越高，所出现的人际关系问题也越严重。他们通常无法有效控制和管理上网时间与金钱，一旦不上网便十分痛苦，而且也容易与父母、老师等关系破裂。

2010年《中国互联网络发展状况统计报告》数据显示，以广东为例，广东网民有4860万人，其中青少年网民数超过一半，在3000万左右，数量位居全国第一。广东青少年网络伤害调研报告统计显示，广东青少年网络依赖（“网瘾”）人数有54万。

病理性上网，带来的症状已经显现，尤其是在孩子身上更加普遍。美国匹兹堡大学心理学教授基姆伯雷博士的一份研究资料表明：网络综合症患者最主要的表现，就是在网上持续操作的时间失控，为了达到自我满足，不惜增加大量网上操作时间，随着感觉、乐趣不断增强，欲罢不能，难于自控，并为此常对人说谎。早晨起床后就有一种上网的需求。有关网络上的情况，反复出现在梦中或想象中。患者多沉湎于网上或网上互动游戏，并由此而忽视了现实生活的存在，或对现实生活不满足。最初是精神上的依赖，渴望上网遨游，随后还会发展为身体上的依赖，表现为平时情绪低落、头昏眼花、双手颤抖、疲乏无力、食欲不振等等。

一场孩子与网络，尤其是网络游戏的战争，才刚刚开始，坊间关于网络游戏的争论从来没有停息过。

对此，马云就深有体会。马云曾在董事会上这么说："我不会在网络游戏上投一分钱，我不想看到我的儿子在我做的游戏里出不来！"

由于马云和妻子忙于创业，儿子长到十多岁时，对网络格外有兴趣，很快就学会了玩网络游戏，上瘾了，跟着同学泡在网吧不回家。于是，马云赶紧让妻子张瑛辞职管儿子。对儿子的游戏沉迷阻击正式拉开，第一枪是马云打响的。那时正是暑假，他给儿子200块钱，让他去和同学玩电脑游戏，玩上三天三夜再回来，但回来的时候必须回答一个问题，找出一个玩游戏的好处。过了三天，儿子回来了，先猛吃了一顿又大睡了一觉，这才去汇报心得："又累又困又饿，身上哪儿都不舒服，钱花光了，但是没想到什么好处。""你还玩？还玩得舍不得回家？"儿子没话说了。在张瑛的看管下，儿子终于淡出了网络游戏。

作家麦家也谈了自己的担忧：“我有一个儿子，今年13岁，如何让他少上网，成了我和他妈妈一年365天的‘战斗’。坦率说我儿子还没有染上网瘾，只要看见了，招呼了，他一般都会从命离开。儿子是个绝顶聪明的人，11岁那年大提琴就拉到全国第二，同时学习成绩在全市名列前茅，人家花十几万上一所名校，他是学校领导上门做工作让他去上。这么优秀的孩子，在高一那年一夜之间变了，频频逃学，夜不归宿，令父母亲哭干了泪。最后，连高考都没参加，人消失在茫茫城市中，警察都找不到。好在此人命不错，浪子适时回头，现在已步入正规，又在一所名校深造。但是谁敢说，人人都有如此好命，个个浪子都能及时回头?”

2010年，两会期间，陶然居的总裁严琦提出了“封网吧”论，遭到网友们的抨击。严琦说，她收到了一封母亲的来信。这位母亲在信中讲道，孩子上小学成绩一直很好，但上了初中，迷上了网络游戏。“孩子回家打游戏，逃课去打游戏。为了上网打游戏，孩子甚至宁愿饿肚子，也要上网买各种打游戏的装备。”这位母亲的来信，深深触动了严琦的心：“我也是母亲，这位母亲的心情，我能理解。”

这个议题也在“2010年博鳌亚洲论坛·青年领袖圆桌论坛”上谈到了。其中，芮成钢尖锐地提问：“我有很多朋友投资网易的股票赚了很多钱，但自己的孩子被毁了，您如何看待这个问题?”

丁磊说：“我觉得游戏和孩子的教育之间，不能单纯地说游戏毁了孩子，我觉得教育本身也可以成为很有意义的游戏，但整个中国的教育问题，我们是以高分衡量的，不是发展其他能力衡量的，我感觉到这也是教育上面的瑕疵。在我们从事企业的过程中，这也是我的理想，希望把课件当成游戏传递给学生。网络游戏这个现象在全世界都存在，为什么没有毁了欧洲、美国的孩子？中国的报道是孩子教育不好就推到游戏上来。既然孩子是未成年人，我非常支持家长带着孩子一起享受娱乐产品带来的乐趣，而且在享受的过程中可以培养一些思考、判断能力。”

2010年3月，第九城市网站总裁陈晓薇辞职，之前她说：“从我来到第九城市，每天都会听到游戏误孩子的质疑声音。”如今，离开九城的她，外界再也不让她回答这个问题了。

格羽幸福新知：

的确，尤其是90后、00后这些青少年，不少沉迷于游戏。同时，这种游戏也导致了孩子的堕落。对于男孩子来说，可能是荒废了学业，以后醒悟过来学门技术也许还有挽救。

可是那些堕落的女孩子代价就大了。这些堕落少女，可能一生就这么毁了。不仅她们自己被毁了，可能“破罐子破摔”，去当第三者，去拆散那些原本好好的家庭，最后导致社会的不和谐。

这种现象的确让家长痛心。第五大道奢侈品网站CEO孙亚菲说：“如果刀成了凶器，不是刀的错，是持刀人的问题。”可谓一语中的。

在我看来，我见过的身边的例子，主要就是度的问题，孩子缺乏自律，更需要父母的引导。现如今，谈关掉网吧，断了网线，已经不太可能，而网络游戏肯定还会大肆发展。

所以，网络时代，父母的任务更重了。

世界上最遥远的距离

张小娴说过，“世界上最遥远的距离，不是生和死，而是我站在你身边，你却不知道我爱你。”原来就是我们生活的写照。

环球周末工作室的麦麦指出，在保障个人隐私的盾牌之下，人们实际上自我隔绝了起来——对其他人毫无感觉，只是过度关注自我及一些亲密关系（家庭已成为所有人的城堡）。

工业化引发了一个基本问题，人的分离和异化。人的分工、隔离和孤立从来没有这么严重过，用恩格斯的话说，“这种个人的隔离……是遍及现代社会的基本原则……社会分裂成个体，每个人都由自己的原则引导，每个人都在追求他自己的目标。”现代社会甚至连核心家庭也已经全面削弱，它所剩下的繁衍子孙的功能也发挥得不怎么好；社会逐渐原子化，分裂成本质上不可沟通的专门化的碎片，人们变成了一群孤独的消费者形象，彼此缺乏交往，日常生活主要就意味着私人生活，而非公共生活。他们成了所谓的“孤独的权利持有人”，即人们虽然联合起来进行一些合作，却只是把它作为一种达到个人目的的手段。

由此看出，越来越发达的社会，人与人的距离却越来越遥远，于是我们比从前更孤独。

不过，网络时代下，却是这样的状况，我们和身边的人距离更远了，和远方的人距离更近了。

因为手机和互联网的出现，和远方的距离近了。

中国传媒大学博士傅玉辉就说得很贴切："人与人之间的距离，既有地理空间上的距离，也有心理之间的距离。随着传播技术的发展，我们所处的地球越来越像麦克卢汉所说的'地球村'了。而互联网的出现更为人们提供了一种消弭地理空间的现实可能性。但是在数字化交往环境下，人与人的距离远近问题其实并不绝对。如果对于互联网能够很好的使用，的确可以起到'海内存知己，天涯若比邻'的功效，'天下一家'的梦想在小小的地球上也可以实现。"

优酷网CEO古永锵说："网络由奢侈品变成了日用品，人们由被动观看者变成了主动参与者，一张张报纸向互联网靠拢，一个个静态跃成了动态。回顾这些年互联网对人类产生的影响，或许可以从生活方式、交流方式两方面考察，我记得有这样一个视频，一个男孩被提问SNS上有多少好友，聊天工具上多少经常聊天的朋友，经常见面的、通信的好朋友有多少人……最后他发现，朋友虽然很多，但是很多都是在互联网的那一头，甚至是从未谋面的陌生人。网络拉近了人与人的距离，它从一种应用、一个工具，逐渐变成了一种生活习惯，不可或缺。"

网络达人郁闷昊说："人与人的距离更近了，因为会有太多不知道在哪、不知道是谁的人愿意跟你成为朋友。"

的确，我们可以通过网络，通过手机视频，就算隔着万千的距离，也可以看见对方的面容，听到对方的声音，仿佛就在自己的身边，甚至通过六度理论和无数的陌生人成为朋友。这点，的确是要感受高科技的魅力。

可是，心与心的距离呢？并没有因为网络而增近距离。随你译网CEO孙慧嘉说：“我觉得与网络无关，与人与人之间心的距离有关。网络确实增强了大家联系的方式，但人与人之间的距离也许并没有拉近。上次MSN突然有问题之后，我突然开始反省现代通讯工具到底是拉近了人与人之间的距离，还是拉远了大家的距离呢。平时觉得在MSN上天天见的人，除了MSN外，没有丝毫联系。甚至连电话都没存。”

网友水女人说：“网络中每个人都有各自固守的位置，不能逾矩和怀想。否则难过的多半是自己。”

《正在爆发的互联网革命》作者西门柳上说：“到底是近是远，取决的其实不是这是不是网络时代，取决的是人性。网络时代有各种各样的数字化工具，那么自古以来我们对工具的运用都是这样，运用之妙，存乎一心。总有人利用得好，总有人利用得不好。”

综合这些观点，数字化并没有拉近人与人之间的距离，或者说数字化对于拉近人与人的距离方面起的作用很少。

首先，认识的人越多，被分散的精力就越大，我们就越浮躁。

媒体人千岛说：“社交的圈子会更开阔，但个体交往的深度会收缩。”

从前，“何当共剪西窗烛，却话巴山夜雨时”的境界多么美好，可是如今呢？有多少人有过这样的体验。对于周围的朋友，都是蜻蜓点水，甚至都漠不关心。总是说，自己太忙了，忙着挣钱，忙着劈腿，忙着外遇，却忽视了对亲人的关心。

有一部电影叫做《气喘吁吁》，表达的主题其实很好，就是我们都太浮躁，忙着太多的事情，内心永远安静不下来，甚至不愿意听对方说完话，我们总是处在“气喘吁吁”的状态。

问问自己，有多久没好好和朋友谈谈心，有多久没有和父母好好吃一顿饭，又有多久没有和恋人好好沟通交流了？

其次，和身边的人缺乏深度交流。

中国传媒大学博士傅玉辉说：“如果一个人只是过于沉溺于互联网之中，那么他在现实世界中和人的关系其实是疏远了。人与人之间的距离远近，关键是看一个人和其他人交往时所投入的时间，所付出的感情。从传播技术角度来看，数字化对于人们突破时间和空间的局限进行人际交往是有益的，但是也应该看到数字化对于人与人之间距离的作用不是绝对的。因此，不管是虚拟的交往方式，还是现实的交往方式，只要交往主体投入充足的时间、付出丰沛的感情，这就是一种深度的、近距离的交流。否则无论是在现实世界，或是虚拟世界，疏远和冷漠都可以构成一种远距离的人际关系状态。”

企乐网创始人刘晓若说：“数字化时代下，我们认识的人是越来越多了，可没有可以走进心里的；信息传递便捷了，真心话也就少了；知道的越来越多，幸福却似乎离我们越来越远；时代给我们越来越多的方便，我们也变得越来越宅了。”

正因为分散的精力太多，所以缺乏深度交流，尤其是最近的人却最遥远，这太戏剧化。

格羽幸福新知：

互联网是一场革命。每一场革命都是财富、资源和人才的重新洗牌。领导革命并顺势而动的人，终将成为拥有话语权的人。

古往今来，人类从来没有放弃过对工具的改良和革新。从旧石器时代到新石器时代，从工业革命到网络革命。历史告诉我们，善于利用工具的人，就好比牛顿说的“站在巨人的肩膀上”，这样方能看得更高更远。

对于女人来说，在这场新革命前，同样不能掉以轻心，更要积极投入，接纳和包容，控制和运用，才能真正为我所用，获得自己想要的生活，得到并捍卫自己的幸福。

无处不在的网络第三者

这是一封读者来信。

我和男朋友是大学同班同学，恋爱三年，聚少离多。刚谈恋爱才三个月，因为要到外面实习一年，我们分开了。毕业之后我们都读研，又分开了一年，算算在一起的时间不过一年。

我们之间总会有很多的争吵。我会因为他不牵我的手而生气，我会因为他一天到晚都不给我打电话或者发短信而生气，我觉得现在的我越来越小气。他的脾气一点都不好，稍微走慢了一点他就会生气，甚至就会扬长而去。有一次我口渴去买水喝，我打算也给他买一瓶，在他说不要的时候，我已经付了帐，于是他便生气的走了。他总说和我沟通越来越难，每次我给他打电话，他都很凶的说："说嘛，什么事?"但是他接别人电话都不这样说，这让我觉得我找他只能在有事的时候才能打电话。甚至感觉两个人之间很远，一点也不亲近。

因为聚少离多，我们之间发生了一些事情。实习的时候，有个护士喜欢上了他，当时那个护士用短信表白的时候，我在他身边，所以我帮他回的拒绝短信，这也是经他同意的。本来这也没有什么，但是快到实习尾声的时候，有一天我上网进入了他的QQ空间，我看到了这个护士的留言，说和他在一起很开心，虽然他不爱她，但是没有关系，她会选择继续爱他。当看到这个护士的留言时，我全身冰凉，像得了疟疾一样全身发抖。我不知道他拒绝了之后他们两个人之间还有那么多的联系。护士表现得很主动，经常以各种理由找他出去，一会儿肚子疼，一会儿心情不好。听了他的解释，我暂时释怀。

令我想不到的是，年末双选会的时候我去他那里，恰好遇到这个护士发短信给他说好想他，要他出去走走。我当时要求他答应，因为我想见见这个人，他不同意，我们大吵了收场。实习结束，大家都要返校，他在返校前还和这个护士见面，向她道别。我们回到学校，他过生日这个护士发短信祝他生日快乐，他给她说我们吵架了，这个护士说她回家把喜欢我男朋友的事情告诉了她娘。这件事也被我发现了，我逼他删了这个护士的电话、QQ。但是没有过多久我又发现他换了个名字存了她的号码。我再次要求他删了，现在他们应该断了联系。

研究生开学后，因为学习，他买了电脑。同时他也申请了另外一个QQ，我无意之间发现了这个QQ，我发现他在网上到处搜这个护士的QQ网名，只要是叫这个网名的而且是女的他都加，我看到很多叫这个网名的女人在上面留言，问他为什么对这个网名情有独钟。我问他要个解释，他说他只是想问问她过得好不好。我说她过得好不好，跟你有什么关系。他说做个朋友也行。虽然他承认做得不对，但是他迷上了和陌生女网友聊QQ，我反对也没有用。

分离一年，我千方百计调了导师，到了他所在的城市实习。我以为我们算是结束了两地的恋爱，可是却发现两个人之间越来越陌生。他总是会对我说你怎么长那么矮，那么瘦，一点都不漂亮，总是会说我以后找女朋友一定找个高的，他总是会说我们两个应该想一想对方是不是自己要找的人，他总是会因为你做一点不顺他的心就会发火生气地走开，扔下你一个人，总是会说我们分手了可不可以做朋友，他总是会说是他留在我身边拖累了我，离开我完全可以找个更好的。我们也曾分过手，分手时大家都哭得很伤心，他没有挽留，他说希望我实习的这两年，我们还是像朋友一样，他可以经常来看我，和我吃饭，有什么事也会给我讲，这两年他不会找女朋友，他还承诺在我找到幸福后他就会自动离开。我们分手后以朋友的关系坚持了10天，我是越来越难过，睡也睡不好，吃也吃不下，当然他还是以往的状态，看不出一点悲切。我们在一起，他从来不会主动牵我的手，从来不会主动揽我的腰，连KISS都没有，真正热烈的表现只有在一周一次的ML上。也只有那个时候我才觉得他是爱我的，但是激情过后，他就又回到了之前的样子。

虽然在我要求之下，他由最开始的不同意复合，当然他也讲了一大堆我们不合适的理由，理由一就是我们现在不稳定，以后能不能在一个地方工作都是未知，他还说害怕以后负了我，让我难过。在我的坚持下，他无可奈何的同意复合。

昨天我因为想在他QQ邮箱里找一份资料，是我以前发给他但是我自己没有备份，所以就开了他的邮箱。突发奇想间我想要看看他另外申请的邮箱里有谁会给他发邮件。于是我很不道德的打开了他之前申请用来和网友聊的那个QQ邮箱，我发现他的邮箱一点东西都没有，我就看了一下他的删除记录。我看到了他给一个网友发了很多邮件，虽然看不到内容，但是可以看到主题，是些“我想你”，“离别之殇”，“天凉的时候我特别的想你”，不过这个女网友只回了他一封邮件。可是当我看到这些的时候，我仍然全身发凉，发抖。我去看了这个网友的空间，看到了她的照片，那些照片和我上次去男朋友寝室帮他做PPT的时候，无意之间打开的一个文件夹里看到的照片一模一样。当时在他电脑里面看到那些照片，我很生气，要求他删了，他还有点舍不得，但还是删了。我忍不住给他打电话，我问他这是为什么，他说他是搞起耍的，只是因为看了这个网友空间里的文章，对她有了好感，同时又和她聊了几次，心中就有了爱意。后来这个网友告诉他，她结婚了，所以两个人就不联系了，他也就把她拉入了黑名单。同时我也明白了为什么他的那个QQ，我曾经给他留的言他为什么要删去，就是为了怕这个网友看到，破坏了他的形象。同时又为了怕被我发现，删了这个网友留的言，同时也删了她的QQ。他要我答应他不要去找这个网友，不要打扰她的生活。我一晚上都没有睡觉，都在想要不要和这个网友聊一聊。

假如这个网友没有结婚，正好也是单身，正好两个人都有了感觉，我该怎么办？躲得了初一躲不了十五，格羽，我该怎么办？求求你帮帮我，我觉得这些事憋在我心里，都快让我发疯了。我为他做了两次人流，我害怕失去他，我常常都会有觉得生活很绝望，很想自杀的想法。我怀疑自己已经得了抑郁症。

最近这两年，似乎各大媒体的女性频道都在做“小三儿”的选题，女人之间谈论的都是“防三儿秘笈”。一时之间，人们开始惊呼“小三儿来了”！

不可否认，网络制造了无数的第三者。或者说，网络是第三者的温床。

男人有动物属性，是视觉动物。就拿微博举例，通常微博账号用性感美女照片作为头像的，粉丝都会比较多，而且清一色都是男人。当然，在QQ上，男人加无数陌生女孩的账号，同样也有如此心理。这意味着什么？这意味着任何一个陌生人都可能成为第三者，都可能成为你们的感情杀手！

男女之间，沟通多了，大都有些感情。如果双方情投意合，那么就会有私情。

那么，正牌女友或者妻子该怎么面对这些无处不在的第三者呢？

首先，可以容忍男人玩一些小暧昧。

其实，作为正牌女友或者妻子，要理解男人的这种心理和行为。比如，大街上看见美女会紧盯不放甚至流口水，电脑桌面永远都是性感美女甚至AV女优，爱和美女聊天甚至搭讪。在男人没有过分的情况下，其实是可以理解的。当然，以上案例中的这个男人做得有点过，这是因为两人的感情本来就已经淡漠了。

这个度在哪里呢？就是男人没有因为这些影响到你们的

现实生活。过过眼瘾也就罢了，但不能影响到你们的现实生活。当有一天他对你心不在焉的时候，那么可能就有危机了。

其次，适当吃点小醋，但不可以大闹。

作为正牌女友或者妻子，面对男人对网络上别的女人暗送秋波，心里不舒服那是肯定的。可以吃点小醋，但切记不可以大闹。吃点醋的女人很生动，会让男人心里很有成就感，表明你很在乎他。但是不可以大吵大闹，甚至要死要活。这种不理智的行为只会让他对你心烦，让他远离你，让他到别的女人那里去寻求安慰和寄托。

这时候，正牌女友或者妻子一定要拿出老大的范儿，宽容和懂事，同时拿出女人的柔媚劲儿，撒娇、发嗲和吃醋，让男人的注意力重新回到自己身上。

再次，适当敲一下警钟。

作为正牌女友或者妻子，对待男人不能抓得太紧，也不能完全不管。这两种情况都容易出问题。在他玩儿的时候，可以在他耳边有意识无意识地敲一下警钟。这实际上是在提示他：你可是有女友或者家室的人，你可别忘了。通常，男人都会因此有所收敛。

最后，暗示她自己也被人追，让他紧张你。

男人可以对其他女人暗送秋波，那么你也可以接受其他男人对你的暗送秋波。女人，永远就是要造成自己是“抢手货”的样子，千万不能让男人觉得你是一个“滞销品”。

你可以适当地对男人透露，比如无意识的说一句：“哎呀，现在网络上的男人怎么都那么疯狂和直接啊，才说两句话就要送我玫瑰花！我说我不能收，我可是有老公的人，但人家说不在乎!哎！”这时候听了，大都会心里很不舒服，甚至非常气愤：“谁？谁？我非得骂死他！还敢勾引我老婆！”

女人制造这种“紧俏”的场面，说的话是务必要有分寸的。不能过，否则男人会觉得你水性杨花，就说人家怎么疯狂，而你还很淡定，还很在乎家庭。相信，此后，男人都会收心。会担心偷鸡不成蚀把米，甚至后院失火。

格羽幸福新知：

其实，在我看来，女人防止第三者，最重要的还是做好自己。自己好了才是王道。毕竟，第三者总是层出不穷，甚至一茬又一茬的。女人既要有危机意识，又要学会淡定，甚至从容不迫，方能成为最后的赢家。

第六章

别被网络里的坏男人蒙蔽

虚拟的网络社区如同现实社会一样，存在着形形色色的人。虽然各婚恋交友网站均开通了具有权威性的“身份通”验证服务，且大多数来网站交友的人士都是抱着一颗真诚交友的心态，但也要注意防备网络色狼，别被网络里的坏男人蒙蔽。

如何识破相亲网站的骗子

正因为庞大的情感需求，才导致了相亲节目以及相亲网站的红火。不过，林子大了，什么鸟都有。相亲网站中的“极品男”可是不少。

第一，冒充单身的已婚（带孩）男。这种男人，明明是已婚，却在相亲网站的介绍资料上写未婚，甚至孩子都能打酱油了，还自诩钻石王老五呢。

例如，有读者就写信给我讲述她的故事。

我为他生了一对龙凤胎，辛辛苦苦持家。结果我无意间发现他早在去年7月份就注册了某相亲网站，难怪他一直闹得家里鸡犬不宁，就是为了让我死心好答应离婚呢。现在他不再需要保姆式的妻子了，他需要在生活上照顾他、金钱上帮助他的妻子。他接受不了从头再来奋斗的日子，“现在三十好几的本科、博士、硕士随便也有几十万身家，结了婚向她借，我马上可以三、两年翻身，不用现在先还债后再重来，到时你们也有好日子过”。我说我接受不了牺牲家庭换来的所谓回报，而他面对有人给他回信写信，他说他也没料到会有这种效果，既然有，他就要把握机会。真好笑，上传到相亲网站上的照片是10年前的，再怎么样也会老一些的！真不明白为什么会有那么多女人会相信！

当然，这些已婚男也分为两类，一类是对现在的婚姻不满意，想要给自己找条退路或者寻找新的人选。如果发现更好的就和原来的妻子离婚。另一类则是从没想过抛弃现在的婚姻，只是出于好奇或者搞个外遇的想法，典型的既要碗里又看锅里的类型。

第二，冒充大款的职业骗子。

这种在相亲网站上也比较普遍，尤其是在自己的介绍资料上写着明确的收入状况，比如年薪百万以上，头衔是董事长甚至总裁的。女孩们看到这样的男人，一定要注意了。如此大肆炫耀的人，一般都经不起推敲。而真正有钱、有地位的男人，接触女孩的途径实在是太多了。而这些网上的冒充大款的职业骗子，最后只会是骗财骗色。

第三，玩感情游戏上床后就蒸发的花心男。

这一类更是非常普遍的。他们往往长相不错，而且还很年轻，会说甜言蜜语，会讨女孩欢心。通常，他们在网上和女孩打情骂俏，要求私下见面。见面吃完饭就要求去开房，完事儿后往往直接人间蒸发，手机打不通，而你也被拉入其QQ黑名单了。

以上几种“极品男”，其实可以用一个词概括：不靠谱。

相亲网站是骗子驻扎的乐园。

国内形成了一批注册消费者数目以千万计的全国性婚恋网站，还有一批注册消费者在几十万到几百万不等的中小婚恋网站，这些网站擅长组织“千人相亲大会”或“超级富豪征婚”运动，还有一些更小的网站。但是，由于有些网站对注册会员的治理把持不够严格，使其沦为了“一夜情”和“爱情骗子”的乐园。甚至骗婚骗财骗色的人不少。

虚拟的网络社区如同现实社会一样，存在着形形色色的人。虽然各婚恋交友网站均开通了具有权威性的“身份通”验证服务，且大多数来网站交友的人士都是抱着一颗真诚交友的心态，但也要注意防备网络色狼。

据专家推测，70%以上的一夜情来自于网络的沟通。也有专家提醒，有的色情中介机构，利用网络婚介的监管漏洞，提供色情服务，从中谋利，使一些年轻人上当。

那么如何应付这些网络骗子呢？综合大家的智慧，现总结出以下办法：

第一，关注身份认证。

世纪佳缘网从成立之初，就打出了要建“全中国最严肃的婚恋交友网站”的口号。怎么保证严肃呢？

龚海燕说：“世纪佳缘网首创五星级的身份信用等级制度，要求会员提交各种身份证明资料并且获得对应的信用等级，我们还用极其严格的客服人工审核和技术手段屏蔽不良人士和不良信息，给会员创造了一个纯净美好的爱情花园。用户必须上传身份证之后，才能成为星级会员。我们还在客服部专门设立了防欺诈小组，做了防欺诈的专题网页，并且在网站公告和站内信箱里不定期的给会员发送网络骗子最新的诈骗手段，以提醒会员增强安全意识。同时，每个会员的资料页面都带有投诉按钮，我们相信会员的眼睛是雪亮的，会员在和他人交往联系的过程中，也会发现一些不良人士，一旦一个人被其他异性投诉，我们将记录这个人的IP地址，将用技术手段屏蔽他再次的注册，同时这个人的联系方式将被我们作为过滤词，而且我们还会发信给他联系过的所有会员，提醒大家注意和他的交往。在线下交友活动，我们的入场需要验证每个人的身份证件。但会员私下的见面行为我们无法操控，只能通过上述的防骗知识宣传，来给会员打预防针。”

第二，看住自己的钱包。

切忌和网友发生借贷关系。我们经常在网站醒目处提醒会员切勿和网友发生钱财或者物品的借贷关系。哪怕给比较熟悉的网友借钱，也务必留下凭据，以免发生不愉快的事情。

第三，借助法律工具保护自己。

我国《侵权责任法》第三十六条规定：“网络用户、网络服务提供者利用网络侵害他人民事权益的，应当承担侵权责任。网络用户利用网络服务实施侵权行为的，被侵权人有权通知网络服务提供者采取删除、屏蔽、断开链接等必要措施。网络服务提供者接到通知后未及时采取必要措施的，对损害的扩大部分与该网络用户承担连带责任。”

第四，稳住自己的身心。

慢一点，一定要慢一点。请勿轻易委身于人。要珍惜自己的情感，克制自己，理性交往，只有这样，才更有可能收获幸福的爱情。

网络相亲跟普通相亲一样，节奏要够慢，不要一开始就奉献身心甚至钱财。骗子通常都没有耐心，这样也为自己争取更多的观察时间。

格羽幸福新知：

一开始就约你见面吃饭然后要求上床的男人，最好赶紧躲开。

同时，在介绍资料上明确写着自己多么有钱有势的男人，这种男人不是自卑就是骗子，要不就是弱智，千万远离。

网络处处有陷阱，虚虚实实，不可不防！

感情骗子都是啥样的

互联网上有两种骗子，感情骗子和物质骗子。前者为了肉欲，后者为了金钱。通常物质骗子得逞的时候，已经财色兼收了。

感情骗子有两类。一种是未婚前游戏于多人之间的骗子，一种是婚后上网勾搭女人的骗子。

第一种，隐瞒感情情况，对感情不负责。

这样的男人，上网谈感情，像真正的恋爱一样去谈朋友，希望找到一个更好的，所以这个年龄的男人对感情方面并不是很投入，玩的是感情游戏，希望能够找到一个更好的。他们打着单身没有女友的旗号，让无数对爱情充满幻想的女人掉进去。通常，他们出没得最多的是QQ上，他们的QQ 上有无数聊得火热的女孩，而且可能对每个女孩都称为亲爱的，老婆。

同时，要谨防遇到变态。上网的女同志们要小心，特别要小心偷拍，最后以偷拍的视频和照片进行威胁，那可就麻烦了。

第二种，隐瞒婚姻情况，寻求新鲜。

下面就是一个真实的例子。

如果离开了这个烦乱的世间，是不是就超然解脱了？我只是想用生命去捍卫自己的尊严，从而让他良心一辈子愧疚。我在联系他，如果联系上就见最后一面，把所有他给我带来的委屈都还给他，然后我就离开，不然我就去他公司，与他同归于尽。

我原本家庭安逸，老公是个警察，女儿在寄宿学校上学，每天随遇而安的。我和老公是父母之言的结合，我总感觉和老公没有什么共同语言，尽管老公很疼爱我。

去年，我在网上认识了一个男人，开始网络聊天。他给我的感觉很理性，而且很善良，我们有很多共同语言。一年多以来，他为了陪我聊天，每天风雨无阻的等我下班，在公司不回家就陪我聊天。每天都会给我发很多信息，问候我，他还盗取我的QQ密码，然后上我的QQ认识我的好朋友和同事，去想方设法熟悉我的一切。

随着了解，我感觉他很善良，而且网络聊天很正经，从不说过分的话。他和我说，他家里的妻子是在他最困难的时候，不顾家里的反对嫁给了他。和他一起从最困难的日子一路走过，这些年，对他很好，可他总感觉和她没有话题，交流很困难，他很痛苦。我们经常可以同时说出一样的话，对事情的见解也很多时候都一样。

我们在KTV见的。见面后，他说没想到我不但思想和他一致，而且这样有气质和漂亮。他很痴迷，但我对他印象一般。他回去后，依然每天如故地对我，比以前还要好，还要痴迷。以致于他半年什么生意也没做。

年前，还有几天过春节了，他开车回哈尔滨，先一个人来了天津，到了我家这里，我都不敢相信。我很感动，想想哪个男人可以这样坚持，每天对自己这样好。看他开到这里，累得都不是样子了，我就哭了。

然后，很自然地我们在一起了。他跪着发誓，一定回去把没有幸福的婚姻解决掉，在经济上多给老婆点补偿，然后过来找我。我告诉他，我不是随便可以玩情感游戏的人，我要是出轨了，要的就是婚姻。我已经和我老公提离婚了，后来，他很忙，总是去各地执行任务。

我和我老公说，我对他不是很温柔很体贴，感情上对他有歉疚，我要离开他，让他去找一个很爱他的女人结婚，好好疼他。他说他不找，他很爱我，让我好自为之。

后来，我发现自己怀孕了，孩子是他的，不是我老公的。我告诉他，他坚决说要，他去离婚。然后他就回家，提了说要离婚。他家里的就要吃药自杀。然后，我就把孩子一个人给做了。那几天，我心都碎了。他告诉我，好好爱惜身体，在爱情和他家里女人生命面前，他觉得还是生命重要。

人流后，我一个人照顾自己。夜里感染发高烧，也是一个人12点开车去急诊。这些他都知道，可他选择了在家陪着家人。那时候，我好痛好冷。

他信誓旦旦地说，离不开我，让我等他，他回去处理好。我深信不疑。可他回去后，越来越少联系我了。和我说事业很不如意，可我还像个痴情的女人一样傻傻地等他。

他联系我少了，我就很着急，就总给他打电话，后来，他就开始不接电话或者关机，后来他就总说我见不得他好，见不得他在家消停过几天。

上个月，他带他家里的老婆去深圳开会，我就和他电话里闹。他就说都是我逼的，他家里的老婆很不放心他出差，非要跟着去。我问他，你说你回去冷淡她，不然离不了婚。他说冷淡是冷淡了，但也不能看着她自杀啊，如不带她去深圳，她就要自杀。

他每天都管我叫老婆，说家里的是他孩子的妈妈，对她只是有亲情没爱情。但为了孩子还是要慢慢的做工作。他越这样，我就越想他以前的誓言。

以前他说，我永远是第一。我把什么都给了他，把自己的婚姻也搭进去了。他却让我先在家忍着，给他3年时间，等他孩子上大学了，他就离婚。期间，我们好好的继续。

可我每天都煎熬着，我恨自己学不会潇洒的和他玩情感。他前几天和我说，他家里的知道了我们的事情，说可以原谅他不和他计较。我问他怎么办？他说继续，前提是好好的在一起，不许老闹。

……

格羽幸福新知：

这是一个多么深刻教训的例子。故事的女主角是前来找我咨询的女人，她当时要闹自杀，我劝了好久。的确，骗子无处不在，但是总不能因为骗子就放弃寻找爱情的步伐吧。

让我们来总结网络上感情骗子的特点：

第一，他们大都30岁左右，已婚甚至有了孩子。

正因为进入了婚姻围城，感情进入了七年之痒，于是就琢磨着出轨了。

第二，他们总说自己婚姻不幸。

他们上网诉说自己和爱人性格不合，老婆性格不好，老婆出轨、小气、庸俗……这些从他们嘴里丝毫没有阻力地一股一股地涌了出来，目的就是引起女人的同情。是的，上网的思想简单、善良的女人会感慨，这个世界上怎么有这么多不幸福的男人？这时候，女人与生俱来的母性会发生作用，会对男人动了恻隐之心。

第三，他们擅长甜言蜜语，一旦和女人上床后就会以忙为借口玩消失。

他们穿着老婆熨烫得整齐的衣服，穿着老婆挑选的有风度的衣服，戴着老婆挑选的领带去泡其他女人，想着都叫人伤心啊!有时候，他们借着出差的机会在全国各地发展网友，然后吃饭上床，满足自己的欲望。可是，一旦玩腻后，一旦女人提出要结婚后，他们就会玩消失。他们急于脱身，或者去网上寻找新的目标。

女人遇到感情骗子，绝对是一场劫难。

如何对付网络上的物质骗子

如果说感情骗子让女人感叹遇人不淑，那么物质骗子则让女人感觉是一场噩梦。通常，物质骗子是一些职业骗子。这样的职业骗子经常出没的地方就是各大婚恋网站，而且都有着非常老套的骗子情节。

来看下面一个例子，这是读者发给我的真实案例。

我们是网上认识的，他比我小3岁。我们现在是分隔两地的，虽然我和他之间只有1个多小时的车程。其实刚开始我没有想过会和他好的，有很多原因让我没有这个想法，年龄是第一个原因，不在同一个城市是第二个原因。我们一直是在QQ上随便聊聊的。他和我聊起他之前自己创业失败赔了钱，把车也卖了，现在在和两个朋友一起投资做服装生意，要是这次投资失败他就去打工了。他也会问我是从事什么行业，收入怎么样？

之后他有了我的手机号码，每天和我发消息，一天给我打3-4个电话吧。时间久了我好像也习惯了他的电话、他的短信、他的关心。在六一前一天我们发短信息，因为他叫我宝宝，我就开玩笑的和他说，我要六一儿童节礼物，他问我要什么他买给我，我说我要香水，但是我还说我更希望他能来陪我过六一。我只是随便说下的，但是他却答应我，会赶来见我。我不知道他说的话是否能相信，反正也没太当一回事情。第二天，4点半他说他忙好了，在来的路上了，我们说了晚上的安排，打算去乌镇看夜景。

晚上他直接打车到了我家楼下接我，然后直奔我们商量好的目的地。晚上我们一边聊天，一边看夜景。他有时会牵我的手，我没有回避，或许我真的已经把他当我男朋友了。我问他晚上打算睡在哪里，他说打算睡在这里。我肯定是要回家睡的，问他不打算送我回家吗？他说送好我再回来，后来回想起来他早就安排好让我晚上不回家的。在乌镇待到很晚了，他在附近找了个宾馆，用了我的身份证开房，因为最近开房比较严，一定要两个人的身份证，后来我们和老板说我要回家，他留下的，所以老板勉强同意给我们开了一个。因为他没吃晚饭，所以我答应陪他一起吃饭，然后再让他送我回家。吃完饭我说要回家可是他不肯，怎么都不让我回家，后来我还是挣扎了出来，自己开门跑了出去，他后来还是送我回家了。我们打算明天再去一遍乌镇，因为走的匆忙我有东西落在了那家宾馆。

早上我特地向单位请假陪他一天，只是当时我只想跟着自己的感觉走。我本想叫好他就可以直接去乌镇的，可他说他累，想多睡会儿，不过我错了，他开始轻吻我，一开始我拒绝，也不想和他发生什么事情，但是他一直没有放弃，我就像是一匹野马被他驯服了，在和他没有安全措施的情况下发生了关系。我肯定是疯了，因为我知道男人千方百计想和女人快点上床，女人却在想怎么拖延时间不和男人上床。之后我让他去药店帮我买药。我们还是按计划进行去了乌镇，然后小逛了下，吃好中饭回来。在这之间有点事情发生，就是他让他的朋友打钱给他，他说是做生意上次那人欠他的钱，然后他说他是异地卡就让那个人打在我的卡上了。我把我的卡号给他了，其实这样的事情我第一次碰到让我有点犹豫，因为我怕他是骗钱的人，但我还是把卡号给他了。我问了他打进来多少，因为我自己卡里也有点钱的。这样我好心里有点数。

乌镇回来我们在麦当劳坐了会儿，然后说起我的六一礼物，他说等一下就带我去买，那天正好我要和一个小姐妹见面拿点东西，他说让你的朋友一起和我们吃晚饭好了。其实东西买不买我已经无所谓了，我只是想看看他是真心想给我买吗？后来他去买的。回到了他住的宾馆，他在我皮夹看见了我的信用卡，他问能透支多少？我说6000。开始我没在意，后来我们打算出去吃饭，他让我把透支卡借给他。我的第一反应，他是骗子吗？我要借给他吗？我问了原因，他说请客户吃饭什么的有时候钱不够很尴尬的，到时他说会给我还进去的，后来我还是没借给他，他好像有点不开心的样子。我把这件事情和我的朋友说了，她们的反应和我一样，是不是骗子，怎么样都不能借。借卡的事情他和我提了好几遍我都找理由没答应。他陪了我两天，第二天回杭州了。他还是和以前一样会发信息，打电话给我，我基本不主动联系他的。要是没有借卡的事情，我想应该还是相处的满愉快的，可是我心里已经对他有疙瘩了，我现在很迷茫，不知道要不要和他继续下去，反正只要是涉及到钱的话题我就会很敏感。之后他还有一次要我给他打500元说有急用，我说我没钱，让他问朋友借。之后我就一直灌输他我很穷我没钱。

格羽老师，我虽然现在和他一直还在联系，他也把我当他女朋友，我的朋友都劝我不要相信他，让我和他不要联系了，不要浪费时间了。我现在是到适婚的年龄了，时间是耽误不起的。但是我没有听朋友的话，与他断绝来往，我现在该怎么做，该相信他吗？还是和他不要联系了？

都说幸福的婚姻都是相似的，不幸的婚姻各有各的不幸。

其实，爱情中，骗子的伎俩也都是相似的。

我敢断定，她99%遭遇到了骗子，可谓是损失惨重。

之前，我也收到过类似的案例，故事中的女孩虽然有所察觉，但是一直不敢相信对方是骗子的事实。

我在从前的博文中，提到了骗子分两种，一种是带着隐瞒事实的感情骗子，诱骗女人付出真实的感情。而另一种是职业骗子，骗财骗色。两种骗子都会让女人受到沉重的打击。

这里我们重点来谈职业骗子。为什么职业骗子能轻松得手呢？那还要归究女人本身。

首先，这类女人大多在感情中处于劣势，尤其是大龄剩女。

因为父母的催促，同龄人也步入婚姻殿堂，所以自己很着急。人一旦着急，就容易丧失理性判断。尤其是当对方甜言蜜语后，更是招架不住，容易上当了。

其次，这类女人大都不甘于平凡，渴望遇到自己心中的

“贵公子”。

女人大都是爱慕虚荣的，这点大多数女人都有，本来无可厚非。很多女孩渴望好的物质生活，希望对方是有钱人，最好是做事业的，有豪车、名宅等。

第三，这类女人都很善良，易被“爱”冲昏头脑，滥发母爱天性。

第四，一旦和这个男人发生关系后，女人就会对对方产生依赖。当男人有什么困难的时候，善良的本性会表现出来，会以爱的名义，帮助这个男人。通常，都是出钱又出力。

第五，他们都号称自己开公司，有事业心，有车有房，而且有层次。

这些骗子就是抓住女人的虚荣心理，因为女人对这样的男人大都会开绿灯的。

当一个人越强调自己的身份，那越说明他缺乏什么。通常，真正有层次、有格调的男人，往往会很低调，甚至掩盖自己的光芒。而实际上，有层次、有格调的男人是想掩盖也掩盖不了的，当然，这就要看女人的眼光。

职业骗子通常活跃在网络上，尤其是存在于婚介网站里以及QQ里。

试想，一个男人如果忙于自己的事业，如果人品甚好，怎么会有时间经常泡在网上？他们大都是工作狂，他们通常连看报纸都是在车上，他们睡觉大都在飞机上。哪里有时间会和陌生人聊天？

有品位的男人，生活中的女人都应酬不过来，又怎么会在网上和陌生人瞎扯呢？他们更懂得时间的重要性，时间就是金钱，甚至超越金钱。

我认识的那些有事业的男士，有的连QQ号都没有，更别说每天花几个小时上网聊天了，他们有批不完的文件，电话总是占线状态。

所以，如果经常泡在网上且号称自己有事业的男人，的确相当可疑。

格羽幸福新知：

综上所述，这些职业骗子又有什么伎俩，女性朋友该怎么防范呢？

第一，他们总是很有技巧地打探你的信息，尤其是职业和收入等。

打探职业和收入，这些是确定你是否是他的下一个目标。如果你本身就是一个穷人，无油水可榨，那他也不会在你身上浪费时间；如果一旦发现你有经济实力，那么很不幸，你就被他盯上了。

第二，他们通常放长线，会持之以恒地关心，甚至暧昧。

他们不会一开始就和你见面，他们会经常问候你、关心你，当然还有暧昧的词汇和称呼，甚至让你对他的关心形成依赖。这就好像慢性中毒。

第三，一旦骗子吸引女生注意后，他们通常会制造“意外”。

女人如果认为自己“钓到金龟婿”，开始逐渐“上钩”

时，这些骗子通常会制造很多“意外”。比如“资金周转不灵”、“公司遇到了一点麻烦”等等。

这时候，女人已经渐渐入戏了，当男人提出帮忙时，虽然内心有些担心，但是还是选择了相信。不愿意否定自己的努力，不愿意放弃希望，而且心存侥幸，认为只要帮助了他之后，他度过困难以后一定会更好的补偿自己。哪知道，这是一个无底洞，最后让女人不堪重负，最后无奈地放弃，甚至报案。通常，遭遇这类骗子的女人，都是选择沉默，吃哑巴亏。

所以，女人一要看紧自己的钱包，二要守住自己的身体，更不要轻易相信网络上的陌生人。

那些宣称有家有小孩的男人

下面也是一个读者发来的真实案例。

我和老公结婚快9年了，我们是通过介绍认识的，当时我不同意，父母和亲戚都压着不让推这门亲事。我正好刚受过一段感情的挫折，因为我家和男方家有过节，双方家长都不同意，男方和一有钱人家的千金订了婚，所以我也赌气嫁给了县城现在的老公。婚后的前两年我在乡下（我老家）工作，直到有了孩子才调到县里，和老公一家生活到了一起，开始没觉得不好，慢慢地我和老公开始争吵，意见基本没统一的时候，我们有了隔阂，他嫌弃我爱花钱，我嫌弃他办事能力差等。我认为一个男人应该去闯天下，可是他却不敢往前奔，总在原地踏步。我家是做生意的，他家是工薪族，所以在思想上我们很是不同，致使到现在也没确定创业目标！

开始我还关心他、打扮他，可他从来都不知道关心、体贴我，一样礼物都没给我买过，也许我有点浪漫情结，这些年来一次节日都没为我过过，包括生日，我感觉他心里只有自己，出差也不会为我和孩子带些礼物回来，都是我主动打电话给他，他连个电话也不打回来，平时也是，很少来关心我。洗衣机不让用（让我用手洗），空调不让开（说费电），限制了很多，我们吵架，我哭一宿他也不会来安慰我！让我感到孤独！后来有了网络，除了照顾孩子，我把所有的情感都给了网络！

2007年在网络上结识了另一个男人，大我两岁，我和他相识于网络，相知却在现实，他是我见过的第一个网络中人，我们在网络中聊得很好，有次我去亲戚家正好是他在的城市，所以我们见了第一面。我对他算是一见钟情吧，从他身上我找到了男子汉的气概，就这样我们联系频繁了，但他不知道我对他的感觉。有一次他的网友加了我，他很生气，就把我拉入黑名单了，好几个月没了联系。

突然有一天，他发短信来问候我，说因为出了车祸，所以没联系我，就这样我们又开始频繁的联系。正好我要去他在的城市培训，就这样我们开始了现实中的交往。他说喜欢我，所以我们有了深交，几个月后我把自己交给了他！我们就这样私下交往着，我去外地培训，他一直陪着我，让我感到了从未有过的幸福，我们之间是那么美好，可是我的心却在受煎熬，因为他也是有家室的人，虽然他说他们感情很不好，可我也只是个第三者。他要为我离婚，我阻止了，到现在我们真正交往19个月了，我多次提出离开他，可都没有坚持下来。最近我再次的提出来，他答应了，说因为爱我所以要我幸福，但他不会停止爱我，就这样我也痛苦的放开了他的手，但我还会不断关注他的动态。总是回忆在一起的时光，思念好痛苦！

这段时间我对老公也越来越冷漠，我特别想离婚，可他不离，我现在看见他就烦，他要和我亲热，我都会抗拒，讨厌他到了极点！我不知道我该不该重新选择婚姻！我现在很茫然，不知道怎么走未来的路，我该怎么面对这两个男人？

网络对于剩男剩女或许是“救命稻草”，但对于已婚男女来说，可能就是“定时炸弹”。

在中国，大多数的婚姻都会让人有审美疲劳，幸运的婚姻还能从爱情升华为亲情。而不幸的婚姻则是从爱情变为了无止境的争吵、冷暴力、心灵隔阂，最后导致出轨。

有一种单身叫做婚内被单身。讲的是那些明明结婚了，有家有伴侣的人，却过着单身一样的生活。没有性生活，甚至过着一个人的生活，一个人吃饭，一个人睡觉。

婚内被单身是一种悲哀。如果被女人碰到了，更是一种不幸和悲哀。于是，网络出现了。每一个QQ号码后面，都是一个鲜活的有血有肉的男人。

生龙活虎的年龄，都是寂寞的人，干柴烈火。于是，这些寂寞的女人就出轨了。和网上的男人聊天，谈情说爱，找到了恋爱的感觉，然后见面上床，终于找到了做女人的感觉。甚至感叹：这才是女人该有的生活。

可是问题出现了，双方都有家庭，都有家有小孩。离婚资源再整合，这样的代价太大。通常，男人是不会为网上的女人选择离婚的。他们通常就当这是一顿“夜宵”，绝不是“家常菜”。

女人的出轨一定是和老公感情有了问题。

而男人的出轨却不一定是因为和老婆感情有了问题，而是男人的本性所致。通常，男人出轨或者在外找了小姐后，回到家后还会对老婆更好，买礼物疼老婆，以排解心中的愧疚之意。

格羽幸福新知：

我想要说的是，女人，就算你再寂寞，就算和老公感情再不好，都不要去和网上的男人出轨。通常，踏出了这一步，就是万丈深渊。因为女人出轨的代价远比男人大得多。

尤其是那些一开始你就知道他有家有小孩的男人，就更不要打主意了。他们不隐婚，他们一副坦荡的样子，甚至还丝毫不隐瞒和老婆的感情很好。他们通常都是多情种，一副既爱老婆又爱其他女人的博爱模样。

首先，这种坦荡会让女人欣赏。其次，这引得女人更有挑战欲望。于是，就引得这些寂寞的女人，不管是出于嫉妒，还是出于欣赏，纷纷投怀送抱。

明明知道他已婚还和他上床，这就说明了你已经接受了一切。潜台词就是：跟你说明了情况，这是你送上来的，后果自负。

大多数男人都很俗，对于送上来的女人是不会拒绝的。所以，就别指望着这些男人给你承诺，对你负责任了。

揭开男人的萝莉控情结

柏拉图说："所谓花心，就是有了爱情和面包，还想吃蛋糕的心情；所谓外遇，就是潜出围城，跌入陷阱；所谓浪漫，就是帮老婆买包心菜时，还会顺手带回一支玫瑰花；所谓厨房，就是结婚时红地毯通向的正前方……"

那么，对于老男人来说，萝莉该是何等美味且新鲜的"蛋糕"呢？

仿佛一夜春风来，到处都是萝莉塔，服装是萝莉塔风格，香水也有萝莉塔系列，彩妆也很萝莉塔。顿时，仿佛人人都爱萝莉塔，萝莉塔当道。原来，那么多人都是萝莉控。

于是，嫩模红翻天，尤其是香港的Angelababy，顶着少女的脸蛋成为了男人们的新宠。还有微博里最受关注的萝莉表情：嘟嘟嘴和无辜的眼神，以及天真的问题，让男人们欲罢不能，纷纷成为其粉丝。

而早期的Twins红遍中国，恐怕也是因为中国人离不开的萝莉情结了。如今Twins不再是少女，一个受艳照门影响不再是纯真少女，一个是刚离婚的女人，已经不再是男人的萝莉控对象了。可大叔还在，萝莉塔只得一拨一拨地更换。

与萝莉控对应的是大叔控，我最开始接触的还是从韩剧里。韩剧里的女主角对比自己大的男人总叫"阿达西"，而最后女主角和阿达西都成为甜蜜情侣了。后来，我亲耳听见身边的朋友对自己的男友亲昵地称为“小爸爸”。原来，萝莉塔和大叔的爱情，居然无处不在啊！

可是，现实中，无数大肚秃头的中年大叔，在网络上勾引着小萝莉，让人非常担心。前段时间，看到过四、五十岁不学好的老男人写的帖子。这些自称成熟的男人，开口闭口如何搞定小女孩，津津有味地谈论和女孩有暧昧关系的感受，并且宣称学校里女生很容易搞到手，在QQ上给她个笑脸，送点小礼物，吃顿饭看场电影，一般就能把女生拉上床。这个炫耀的中年男人顿时遭到了网友的围攻。

由此看出，很多萝莉控的大叔们正在网络上满足自己蠢蠢欲动的欲望，而且不再是个别现象，仿佛是一股暗流一般汹涌。这是为什么呢？

第一，源自男人内心深处的臆想和意淫。

“萝莉塔，我生命之光、我欲念之火。我的罪恶、我的灵魂。”这是电影《萝莉塔》的开场白。1947年的美国，主人公是一个45岁的教授，有一个奇怪的名字叫洪博·洪博，在新英格兰的一个小城里教法国文学。房东是个寡妇名叫夏绿特，房东12岁的女儿，就是大名鼎鼎的萝莉塔。萝莉塔妖媚又一派天真，而且她明确无误在勾引洪博·洪博，令法国文学教授欲罢不能。Sitting there，on the sofa，Imanaged to attune，by a series of stealthy movements，my masked lust to her guileless limbs.（坐在沙发上面，就在那里，藉着一阵阵悄悄的运动，我处心积虑把我装模作样的欲望，融化进了她天真的肢体。）

自小说和电影风靡全球后，许多男人一直把它当成臆想和意淫的对象，以及黑暗压抑疯长的欲望，乱伦、未成年的少女、单亲家庭、男人的“恋童癖”，种种时髦的情绪和社会现象，现在正在这个地球村流行着。

第二，中国历来的大男人情结。

性感的成熟女人会让男人留恋，但小萝莉的单纯、幼稚远远比成熟风韵更有杀伤力。

当李安的《断臂山》上映后，于是有“人人心中都有一座断臂山”，而当《萝莉塔》上映时，便有“每个男人心中都有一个萝莉塔”。萝莉控是关爱与爱的结合体，关爱时视对方如女儿，爱时视对方如爱人。

她们可爱、天真、任性，但是就是让男人们情不自禁地去照顾她、教导她、宠爱她、保护她。

在小萝莉眼中，这个男人是如此强大，如此成熟有魅力，于是男人在这些小萝莉的崇拜眼神里，内心深处的大男人情怀得到了满足。

第三，大叔们从萝莉那里抓住青春的尾巴。

火爆的《蜗居》里的宋思明对海藻的情感，一部分就是为了找回自己曾经的青春。对于这些步入中年的人而言，他们对衰老有着与日俱增、无力回天的畏惧和恐慌。而女孩们青春的体能、单纯的思想、不断成长的状态对中年男人来说，就是一剂很好的镇定剂，同时，也唤醒了他们对年轻和不朽的渴求欲望。

这种欲望自然地转换成占有欲，占有一个年轻女孩，并与她们亲密无间，满足了中年男人自己的年轻幻想，使他觉得自己与青春是如此贴近，甚至将其看作自己生命的一种黏合和延续，从而在心理上形成一种并未衰老的慰藉。

在网上勾引小萝莉的大叔们，大多就属于这种心理。

第四，婚姻枯燥无激情。

这点是已婚大叔出轨的最普遍的原因。有人出轨的对象是少妇，有人出轨的对象是白领，而大叔就瞄准了小萝莉们。因为她们涉世不深，对男人的经验不足，更容易“得逞”。

大叔们通常会对萝莉采取如下攻势。

第一，选准目标。

他们会通过QQ、论坛社区、网络游戏、开心网、微博等认识萝莉，萝莉越多的地方，越爱去潜水。然后，他们开始选择目标，开始也许有好多个，但最后会锁定，然后对锁定的萝莉花心思，陪萝莉聊天，然后要号码，发短信、打电话，然后约见面。

第二，善解人意，对萝莉甜言蜜语。

已婚大叔们比小男生要懂得女人心，他们有经济能力，会送小萝莉礼物，会请小萝莉吃大餐，甚至更懂得花言巧语，说起谎来草稿都不用打的。当然，最重要的是，已婚大叔们脾气还很好，他们充当着咨询大师，充当着倾听者，甚至充当着“消防队员”。他们微笑着看着你，或者用大手拍拍你的肩，或者将你拥入怀中，你可能会有爱情的幻觉。这就是小萝莉们觉得这些已婚大叔们“有吸引力”的原因。

第三，炫耀吹牛，让萝莉崇拜自己。

大叔毕竟是大叔，过的桥可能比萝莉走的路还多。不管真假，肚中自然是有点墨水的。

大叔的年龄，通常40左右，有阅历，有知识，甚至有钱有地位。再加上炫耀吹牛，而萝莉们涉世未深，很容易崇拜面前的这个大叔，然后不自觉地靠在大叔怀里。

第四，对萝莉洗脑。

这是非常致命的一步。一个读者曾经跟我讲过她的亲身经历，当时她通过网络认识一个对她灌输SM思想的大叔，这个大叔是所谓的有钱、有地位的男人，是财经报纸的头版人物，大叔让她做他一辈子的M。好在这个读者意志坚定，拒绝了他。

已婚大叔们会给小萝莉们“洗脑”，灌输一些想法，已达到自己的目的。比如“结婚不重要”等的理论，最后小萝莉们不知不觉中上了大叔的床。这床，通常是酒店的床。

有时候，小萝莉们想，如果自己的同龄男友能如此成熟，善解人意就好了。

第五，采取物质攻势。

物质攻势是很直接、很有效的。因为小萝莉们大都很虚荣、很物质，而大叔们往往能满足她们的欲望。于是这便成了一场欲望的满足和平衡，只是各自的欲望不同。

格羽幸福新知：

这些小萝莉，以80偏后以及90初的女孩为主体，而大叔们则是60后和70年初的已婚男人，有老婆有孩子，甚至自己的女儿跟这些被瞄准的小萝莉们年龄相当。

殊不知，已婚大叔善解人意的背后，是“善解人衣”。

关键是“善解人衣”背后，则是逃之夭夭，人间蒸发。

爱大叔没有错，但就是要防那些已婚的骗萝莉上床的色狼大叔们！

后　记

这是命运最坎坷的一本书。

从写作这本书，到最后出版这本书，前后经历了3年的时间，期间经历十次以上的修改，最后导致此书到现在才和大家见面。这中间的辛酸历程，只有作者本人才能体会。

当然，任何的等待都是值得的，大部分的修改都是有意义的。

能写一本和互联网有关的书，这是我从来想都不敢想的。也正是机缘巧合，才有此意。在众多的IT英雄豪杰面前，我既不是实战派也不是思想家。我深知自己对互联网的认识才疏学浅，才在书中对各路精英进行对话和采访，颇有偷师之嫌，美其名曰：“站在巨人的肩膀上”。

扬长避短，何不用女性的视觉来看互联网呢？在女性领域，女性修练、女性情感、女性价值实现，这些是我从前一直研究的课题，拥有大量的第一手案例，深知女性的需求。从这一个角度，我才颇有一些自信。

通常，每写一本书，我都会做充分的准备工作。撰写这本书之前，我在网上搜集并阅读了约50万字的资料，包括最新的调查和案例。在撰写时，密切关注更新的案例和数据，从而进行新的覆盖、补充、否定和整合。

如果说这本书是一部电影的话，那么我的角色就是一个导演。参与作品创作的，还有很多很多人。正是她们以及她们的观点，让这本书锦上添花。

这是一本互动性很强的书，同时，在创作的过程中，我就利用SNS的特性，和互联网精英以及网络红人进行了互动式的创作。

实际上，这本书便是“众包”的最好例子，让用户制造内容，让读者参与创作。

书里的上百个各领域的精英，大多皆来源于网络。包括我与她们的联系也是通过网络。我记得，我在富力会咖啡厅跟飞象网CEO项立刚探讨3G未来的情景，他当时还对我的网络咨询模式提供了一些想法。我还记得，我在微博上联系枫谷投资合伙人曾玉的情景。当时她刚生完小孩，我们只是在电话里进行了交流。她畅谈了新时代的主妇做好了也不简单，不管是插花、红酒还是烹饪，任何一项做到极致都能帮上老公。我也记得，我在QQ上跟《美妙》杂志主编李鑫淼的聊天。她看好电子商务的未来，认为不做电子商务5年后会后悔，我更记得，跟学者傅玉辉探讨手机和互联网的未来。他说的那句“手机媒体是带着体温的媒体”，让我觉得格外贴切……

相比我之前的几本书，这本书是写的最寂寞的一本书。因为我长期宅在家里，一周才与朋友一次饭局，甚至无数看望的好友都谢绝不见。这对我来说，是一个很大的转变。从前，我是热爱聚会、热爱饭局的人，如今深居简出，不曾好好地逛过一次街，一直想去旅游的计划也一拖再拖。

同时，这也是我写得最热闹的一本书，虽然我身居陋室，远离尘嚣，但有网络，我和各路巾帼英雄对话取经，颇有“谈笑有鸿儒，往来无白丁”的味道。

每一次的创作，都是一次痛苦的分娩。有时候没有灵感的时候，有时候觉得写得不精彩的时候，就会格外沮丧。可经历痛苦后，发现自己的成长和成果，又备感欣慰。

创作这本书，是我写作历程中最大的一次挑战，当这本书送到读者面前的时候，我仍然胆战心惊。

但事实证明，经过学习、探讨，我完成了这本书。我再一次挑战了自己。毕竟，它像一个婴儿一样呱呱坠地了。

赵格羽

2011年7月28日北京